SQL の絵本

[SQLの絵本 第2版]

データベースが好きになる新しい9つの扉

（株）アンク

本書内容に関するお問い合わせについて

このたびは翔泳社の書籍をお買い上げいただき、誠にありがとうございます。弊社では、読者の皆様からのお問い合わせに適切に対応させていただくため、以下のガイドラインへのご協力をお願い致しております。下記項目をお読みいただき、手順に従ってお問い合わせください。

●ご質問される前に

弊社Webサイトの「正誤表」をご参照ください。これまでに判明した正誤や追加情報を掲載しています。

正誤表　　　　https://www.shoeisha.co.jp/book/errata/

●ご質問方法

弊社Webサイトの「刊行物Q&A」をご利用ください。

刊行物Q&A　　　https://www.shoeisha.co.jp/book/qa/

インターネットをご利用でない場合は、FAXまたは郵便にて、下記"翔泳社 愛読者サービスセンター"までお問い合わせください。電話でのご質問は、お受けしておりません。

●回答について

回答は、ご質問いただいた手段によってご返事申し上げます。ご質問の内容によっては、回答に数日ないしはそれ以上の期間を要する場合があります。

●ご質問に際してのご注意

本書の対象を越えるもの、記述個所を特定されないもの、また読者固有の環境に起因するご質問等にはお答えできませんので、あらかじめご了承ください。

●郵便物送付先およびFAX番号

送付先住所　　〒160-0006　東京都新宿区舟町5
FAX番号　　　03-5362-3818
宛先　　　　　（株）翔泳社 愛読者サービスセンター

※本書に記載されたURL等は予告なく変更される場合があります。
※本書の出版にあたっては正確な記述につとめましたが、著者や出版社などのいずれも、本書の内容に対してなんらかの保証をするものではなく、内容やサンプルに基づくいかなる運用結果に関してもいっさいの責任を負いません。
※本書に掲載されているサンプルプログラムやスクリプト、および実行結果を記した画面イメージなどは、特定の設定に基づいた環境にて再現される一例です。

※本書に記載されている会社名、製品名はそれぞれ各社の商標および登録商標です。

はじめに

　今や、情報はコンピュータ上で管理するのが当たり前になってきました。そこで、管理の手段として広く利用されているのが、データベースです。データベースにもいくつか種類がありますが、その中で現在最も普及しているのがリレーショナルデータベースであり、リレーショナルデータベースを扱うための言語が SQL です。

　SQL で作った文は、見た目が英文とよく似ています。しかも、使われている単語が中学校の英語の授業で見かけたものばかりで比較的なじみやすいうえに、単語の種類は英語のそれよりずっと少ないので、単語ひとつひとつの意味さえしっかり覚えておけば、とりあえず"読む"ことはできるようになります。本書で紹介している例題を読んで、「これは何をしようとしているのか」と考えることからはじめてみてもよいでしょう。読む力がつけば、自然に書くこともできるようになるはずです。

　本書は SQL の入門書です。データベースを操作するための基本的な SQL 文が多数登場しますが、その SQL 文によってデータがどのように動いているのかをイメージするのはなかなか難しいものです。そこで、少しでもイメージしやすくするために、イラストや図をふんだんに使って丁寧に解説しています。本書で SQL のイメージをつかんでおけば、あとで勉強する際にも理解しやすくなっていると思います。

　本書では、既存のデータベースを運用することを前提として、"データの操作"に焦点を当てて紹介しています。本書を読んで、データベースの設計についても詳しく知りたいと思った方は、改めてもっと高度な専門書を開いてみることをお勧めします。SQL 文を意識せずにデータを手軽に取り出せるソフトウェアもありますが、本書ではより SQL に慣れ親しんでいただけるよう、ユーザー自身で SQL 文を記述する sqlcmd という SQL Sever のコマンドを使ってデータを扱っていきます。

　ありがたいことに本書はこのたび 14 年ぶりの改訂で第 2 版をお届けできることになりました。この間に著名な RDBMS の機能は整理され、近づいてきているように思いますので、今回の改訂ではそのあたりの情報をアップデートしました。また、特に序盤での説明の順序や内容を見直し、よりスムーズに理解が進むよう留意してみました。

　本書が、SQL をもっと身近に感じるきっかけになれば幸いです。

2018 年 7 月 著者記す

≫ 本書の特徴
- 本書は見開き2ページで1つの話題を完結させ、イメージがばらばらにならないように配慮しています。また、後で必要な部分を探すのにも有効にお使いいただけます。
- 各トピックでは、難解な説明文は極力少なくし、難しい技術であってもイラストでイメージがつかめるようにしています。詳細な事柄よりも全体像をつかむことを意識しながら読み進めていただくと、より効果的にお使いいただけます。
- 本書のサンプルは、Microsoft Windows 10 上で、SQL Server 2017 Express を実行し、sqlcmd を使って SQL 文を入力することを前提としています。SQL Server 2017 Express のインストールについては付録を参照してください。

≫ 対象読者
本書は、SQL についてこれから学ぶ方はもちろん、一度挑戦したけれども挫折してしまったという方や、データベースの概念は知っているけれど SQL 文には触れてこなかったという方にお勧めします。

≫ 表記について
本書は以下のような約束で書かれています。

【例と実行結果】

sqlcmdで入力する内容

```
例
CREATE DATABASE db_ehon;
GO

USE db_ehon;
CREATE TABLE tbl_ehon (
    code INT,
    title VARCHAR(30),
    price INT);
GO

SELECT * FROM tbl_ehon;
GO
```

実際の画面に表示される内容

実行結果
```
code     title    price
-------- -------- --------
```

【書体】
ゴシック体：重要な単語
`List Font`：SQL 文の構文や関数名
`List Font`：List Font の中でも重要なポイント

【その他】
- 本文中、読みにくい単語には振り仮名を振ってありますが、あくまで一例であり、異なる読み方をする場合があります。

Contents

SQLの勉強をはじめる前に ……………………… ix

- ●データベースとは？ ……………………………………… ix
- ●データベースの種類 ……………………………………… x
- ●SQLの誕生 ………………………………………………… xi
- ●SQLってどんなもの？ …………………………………… xii
- ●SQLのメリットと注意点 ………………………………… xiii
- ●記述時の約束 ……………………………………………… xiv

第1章 データベースとは …………………………… 1

- ●第1章はここがkey ……………………………………… 2
- ●データベースとは ………………………………………… 4
- ●リレーショナルデータベースとは（1） ……………… 6
- ●リレーショナルデータベースとは（2） ……………… 8
- ●SQLとは …………………………………………………… 10
- コラム ～オブジェクトデータベース～ ………………… 12

第2章 SQLの基礎 …………………………………… 13

- ●第2章はここがkey ……………………………………… 14
- ●データベースとテーブルの作成 ………………………… 16
- ●テーブルの制約 …………………………………………… 18
- ●データの登録 ……………………………………………… 20
- ●データの取り出し ………………………………………… 22

v

- ●指定列の取り出し ……………………………………………… 24
- ●条件を指定した取り出し ……………………………………… 26
- ●件数を指定した取り出し ……………………………………… 28
- ●データの並び替え ……………………………………………… 30
- ●その他のオプション …………………………………………… 32
- ●データ型（1） ………………………………………………… 34
- ●データ型（2） ………………………………………………… 36
- コラム ～ IDENTITY ～ ……………………………………… 38

第3章　演算子 …………………………………… 39

- ●第3章はここが key ……………………………………………… 40
- ●この章で使うテーブル ………………………………………… 42
- ●算術演算子 ……………………………………………………… 44
- ●比較演算子 ……………………………………………………… 46
- ●論理演算子 ……………………………………………………… 48
- ●文字を扱う演算子 ……………………………………………… 50
- ●その他の演算子（1） ………………………………………… 52
- ●その他の演算子（2） ………………………………………… 54
- コラム ～ SQL 文における句の実行順序～ …………………… 56

第4章　関数 ………………………………………… 57

- ●第4章はここが key ……………………………………………… 58
- ●この章で使うテーブル ………………………………………… 60
- ●関数とは ………………………………………………………… 62
- ●数値関数（1） ………………………………………………… 64
- ●数値関数（2） ………………………………………………… 66
- ●文字列関数（1） ……………………………………………… 68
- ●文字列関数（2） ……………………………………………… 70
- ●日付関数（1） ………………………………………………… 72
- ●日付関数（2） ………………………………………………… 74
- ●集約関数（1） ………………………………………………… 76
- ●集約関数（2） ………………………………………………… 78
- ●変換関数 ………………………………………………………… 80
- コラム ～ RDBMS 固有の関数～ ……………………………… 82

第5章 基本的なデータ操作 · 83

- 第5章はここが key ………………………………… 84
- この章で使うテーブル ……………………………… 86
- INSERT 文（1） ……………………………………… 88
- INSERT 文（2） ……………………………………… 90
- UPDATE 文 …………………………………………… 92
- DELETE 文 …………………………………………… 94
- サブクエリ（1） ……………………………………… 96
- サブクエリ（2） ……………………………………… 98
- サブクエリ応用編 …………………………………… 100
- コラム ～相関サブクエリ～ ……………………… 102

第6章 複雑なデータ操作 · · · · · · · · · · · · · · · · · · · 103

- 第6章はここが key ………………………………… 104
- この章で使うテーブル ……………………………… 106
- いろいろな結合 ……………………………………… 108
- 交差結合 ……………………………………………… 110
- 内部結合 ……………………………………………… 112
- 外部結合（1） ……………………………………… 114
- 外部結合（2） ……………………………………… 116
- ビューの作成 ………………………………………… 118
- ビューの利用 ………………………………………… 120
- 集合演算子（1） …………………………………… 122
- 集合演算子（2） …………………………………… 124
- 限定述語（1） ……………………………………… 126
- 限定述語（2） ……………………………………… 128
- コラム ～インデックス～ ………………………… 130

第7章 データを守る仕組み · · · · · · · · · · · · · · · · · · · 131

- 第7章はここが key ………………………………… 132
- トランザクション …………………………………… 134

vii

- ●コミットとロールバック ··· 136
- ●ロックの仕組み ··· 138
- コラム ～デッドロック～ ·· 140

第8章　プログラムとの連携 ························· 141

- ●第8章はここが key ·· 142
- ●動的 SQL ·· 144
- ●ストアドプロシージャ ··· 146
- ●トリガー ··· 148
- ●拡張 SQL ·· 150
- ● SQL によるプログラミング ·· 152
- ●拡張 SQL の変数 ··· 154
- ●拡張 SQL の制御文 ··· 156
- ●結果セットとカーソル ··· 158
- ●サンプルプログラム（1） ·· 160
- ●サンプルプログラム（2） ·· 162
- コラム ～データベースドライバ～ ·· 164

付録 ··· 165

- ●列の構成を変更する（1） ··· 166
- ●列の構成を変更する（2） ··· 168
- ●制約を追加する ··· 170
- ●テーブル名、列名を変更する ·· 172
- ●その他の変更 ··· 174
- ●外部キー（1） ··· 176
- ●外部キー（2） ··· 178
- ●テーブルとデータベースの削除 ·· 180
- ●予約語 ·· 182
- ● SQL Server 2017 Express のインストール ································ 185

- 索引 ··· 190

SQLの勉強をはじめる前に

 データベースとは？

　SQL（Structured Query Language）は、「**データベース**を操作するための言語」です。では、「データベース」とはいったい何でしょう？　データベースと聞くと、人事データベースや顧客管理データベースなど、「膨大なデータをひとまとめにしたもの」を思い付く人も多いでしょう。データベースとは、もう少し厳密にいうと、「何らかのルールや目的に基づいて管理されたデータの集まり」のことなのです。ここでポイントとなるのが、「管理された」という点です。

　たとえば、机の上に本や文房具など置いてあるところを想像してください。それらが雑然と置いてあり、どこに何があるかを誰も把握していない状態で「鉛筆を取ってください」といわれても、すぐに相手の要求に応えることはできません。一方、何らかのルールに基づいて文房具や本が保管されていれば、要求に対してすぐに対応できます。後者のような形で保管された本や文房具をデータベースだとすると、これらを管理している人は**データベース管理システム（DBMS）** という仕組みに当たります。つまりデータベースとは、データベース管理システムによって管理できる状態にまとめられたデータの集まりのことなのです。

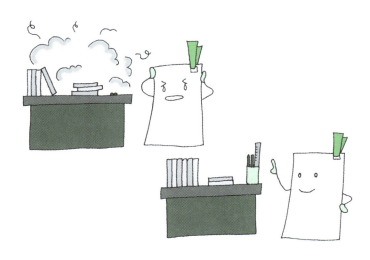

データベースの種類

　データベースには、階層型、ネットワーク（網）型、リレーショナル（関係）型など、いくつかの種類があります。その中で現在最も広く利用されているのが、リレーショナル型のデータベースです。リレーショナル型のデータベースでは、いくつかの項目（フィールド、カラム、列などとも呼びます）を組み合わせて、データを表形式で管理します。このようなシステムを**リレーショナルデータベース管理システム**（**RDBMS**）といい、リレーショナルデータベース管理システムが管理するデータのまとまりを**リレーショナルデータベース**（**RDB**）といいます。

☐……データ

データが1対多の親子関係で結ばれています。データベースの形式としては古いもので、情報を一元的に管理するのは難しいとされています。

データが多対多の関係で結ばれています。情報を一元的に管理可能ですが、データどうしのかかわり方が複雑なため、管理が難しいとされています。

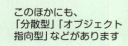

このほかにも、「分散型」「オブジェクト指向型」などがあります

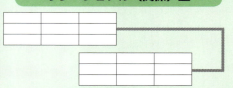

データを行と列からなる表（テーブル）形式で管理します。個々のデータは独立しているため管理がしやすく、表どうしを自由に組み合わせて連携（リレーション）できるのが特徴です。

SQLの誕生

　1970年代初めにIBM社のE. F. Codd氏によってリレーショナル型データベースの概念が提唱され、その後まもなくして世界初のリレーショナルデータベース管理システム「System R」が開発されました。当時、このシステムを操作するにあたって**SEQUEL**（シークエル）（Structured English Query Language）という言語が採用されていましたが、これがのちに改名され、**SQL**となりました。改名の理由は「"SEQUEL"という名前がすでに他の企業によって商標登録されていたから」だそうです。SQLは「エス・キュー・エル」や「シークエル」と読まれますが、後者は元の呼び名であるSEQUELの名残でしょう。

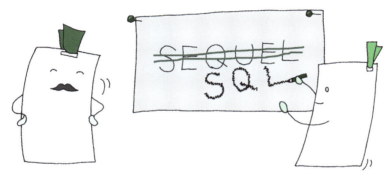

　1980年代に入ると、さらなる改良が加えられるとともに、SQLの標準化が進められました。1986年にはANSI（American National Standard Institute）によって、1987年にはISO（International Organization for Standardization）とJIS（Japanese Industrial Standard）によって相次いで標準化されました。その後、いくつかの規格が登場しましたが、2018年現在でも、一般的に利用されているのはSQL99です。

西暦	承認機関	規格
1986	ANSI	ANSI X3.135-1986（SQL86）
1987	ISO	ISO 9075-1987（SQL87）
	JIS	JIS X3005-1987（SQL87）
1989	ISO	ISO 9075-1989（SQL89）
1992	ISO	ISO 9075-1992（SQL92/SQL2）
1999	ANSI	ANSI X3.135-1999（SQL99）
	ISO	ISO 9075-1999（SQL99）

SQLってどんなもの？

　SQLを一言で説明するなら「リレーショナルデータベース管理システムと対話するための言葉」といえます。つまり、リレーショナルデータベース管理システムに対して「○○というデータをください」「△△というデータを新たに保管してください」など、何らかの要求をするときに、SQLを使って呼びかけるわけです。リレーショナルデータベース管理システムに限らず、データベース管理システムとの対話に用いる言語を**データベース言語**といい、データベース管理システムに対して要求を出すことを**問い合わせ（クエリ）**といいます。

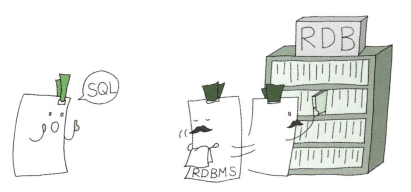

　また、SQL99からは正式にプログラミング機能が加わり、単なる「対話」の手段としてだけでなく、プログラミング言語としても活躍するようになってきました。いくつかの処理についてSQLで書いたものをあらかじめリレーショナルデータベース管理システム上に置いておけば、一連の作業をプログラムとして呼び出し、実行できるのです。このような仕組みで動くプログラムを、**ストアドプロシージャ**といいます。本書はSQLの基礎を身に付けることを目的としているため、プログラミングについては第8章で少し紹介するにとどめていますが、興味のある方は勉強してみてください。

　リレーショナルデータベースが主流となっている今日では、ほとんどのデータベース管理システムがSQLに対応しており、SQLは、もはや「データベース界の標準語」といっても過言ではありません。本編では、SQLを使ったデータベース管理システムとの対話の仕方やその概念を学んでいきます。

SQLのメリットと注意点

　現在主流となっているリレーショナルデータベース管理システムには、Microsoft SQL Server、Oracle、MySQL、PostgreSQLなどがありますが、これらは全てSQLに対応しているため、SQLさえ覚えれば基本的な操作を行うことができます。同じように、SQLで作ったプログラム（ストアドプロシージャ）も多くのリレーショナルデータベース管理システムで利用できます。これも、大きなメリットのひとつでしょう。

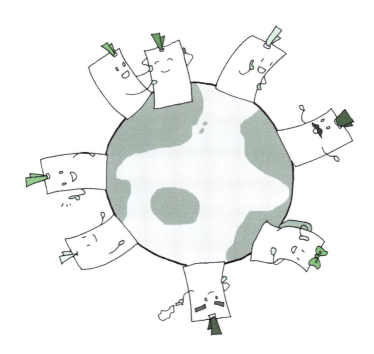

　ただし、たとえば日本語ひとつとっても地域によって独特の言葉（方言）があるように、SQLの場合もリレーショナルデータベース管理システムによって独自のローカルルール（これも方言といいます）が存在します。SQLを学ぶときは、それが自分の利用しているリレーショナルデータベース管理システムの方言なのか、標準のものなのかを確認しておくことも大切です。

記述時の約束

SQL を記述するときには、次の約束を守りましょう。

①半角で記述する

コメント内と、' '（シングルクォーテーション）内は全角記述が可能です。それ以外の場所で全角を記述をした場合、エラーになります。

②全角スペースの使用に注意する

コメント以外、または ' ' の外に書くとエラーになります。発見しにくいので要注意です。

③ ' を表示するときは ' ' とする

文字列の中に ' を記述したいときは、' を 2 つ続けて書きます。

④コメントは /* と */ でくくる

プログラムに反映したくない説明的な記述を /* */ の中に書くことができます。

⑤予約語に気を付ける

予約語とは、SQL において特別な意味を持つキーワードです。テーブル名や列名などに使うときは [ ] でくくります（予約語は、付録の予約語一覧表を参照してください）。

第1章はここがKey

ファイルによるデータ管理

　コンピュータが普及するにつれて、今まで紙で保管していたデータ（情報）をコンピュータ上で保管、利用することが多くなりました。それに伴い、まず登場したのが、ファイルを使ってデータを管理するという方法です。ファイルについては皆さんもよくご存じですね？ アプリケーションを使ってデータを保存したときにできる、あの「ファイル」です。

　ここで、もう少し具体的にファイルによるデータ管理を考えてみましょう。たとえば、会社の中でファイルを使ってデータ管理をした場合、それぞれの部署が別々に情報を持つことになります。各部署では、欲しいデータの種類やそのデータの利用方法などにあわせて使いやすいアプリケーションを採用するでしょうから、当然、全ての部署が同じアプリケーションを使う、というわけにはいかないでしょう。そうなるとファイル形式の違いやデータの管理方法により、部署間でデータを共有するのは難しくなります。たとえ同じデータであっても各部署ごとに更新が必要になり、手間がかかるだけでなく、入力ミスや更新忘れなどによってデータの信頼性すら危うくなる可能性もあります。

データベースによるデータ管理

　そこで、**データベース**の出番です。次のページからデータベースについて詳しく説明するのでここでは深くは踏み込みませんが、データベースを使うと、一元的に管理されたデータを離れた場所からでも共有して利用できるようになります。また、アプリケーションとデータベースの構造は切り離されているので、ファイルのように保存形式などを気にする必要はありません。

　「SQLの勉強をはじめる前に」でも紹介したとおり、データベースにはいくつかの種類があります。その中で、現在最も使われているのが**リレーショナルデータベース**であり、リレーショナルデータベースのデータを操作するための言語が **SQL** です。SQLは、プログラム言語の一種ですが、C言語などの難解なイメージとは異なり、とてもシンプルな構造になっています。さっそく便利なSQLの世界をのぞいてみましょう。

データベースとは

データを整理整頓して使いやすくしたものが、データベースです。
「単なるデータの集まり＝データベース」ではありません。

🔓 データベース

コンピュータの世界では、ソフトウェアがデータベース（DB）を利用します。今までバラバラに管理されていた情報をデータベースにすることで、ソフトウェアは簡単にデータを取り出せるようになります。

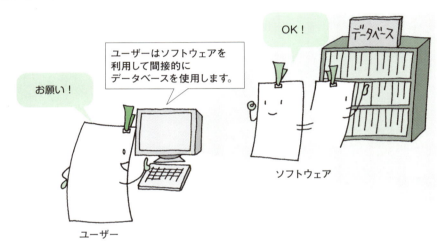

また、データベースに入れたデータは永続的に保存されるので、一度ソフトウェアを終了しても、あとで再利用できます。

データベース管理システム

データベースは、**データベース管理システム**（**DBMS**：DataBase Management System）というソフトウェアによって管理されています。実際にデータをしまったり取り出したりするのは、DBMSの仕事です。ユーザーの操作は次のような流れでデータベースにたどり着きます。

①ユーザーはソフトウェアを操作します。

②ソフトウェアはDBMSに要求を出します。

③DBMSはソフトウェアからの要求を受けてデータベースを操作します。

④要求に応じた処理を行い、ソフトウェアに結果を返します。

⑤ユーザーが求める形で結果を表示します。

ユーザー

ソフトウェア

DBMS

伝言ゲームみたいです。

DBMSには、主に以下のような機能があります。

| データの入力、更新、削除 |
| データの並べ替え、検索 |
| データの共有（複数のソフトウェアでデータを共有する）|

1 データベースとは

2 SQLの基礎

3 演算子

4 関数

5 基本的なデータ操作

6 複雑なデータ操作

7 データを守る仕組み

8 プログラムとの連携

9 付録

データベースとは **5**

リレーショナルデータベースとは(1)

データベースにはいくつかの種類がありますが、
現在最も一般的なのはリレーショナルデータベースです。

🔓 リレーショナルデータベース

リレーショナルデータベースでは、データを**行**（ロー）と**列**（カラム）で構成された表形式で管理します。これを、**テーブル**といいます。たとえば住所録テーブルは、名前、郵便番号、住所などの列と、登録人数ぶんの行で構成されます。

テーブル
列と行からなる
表のことです。

列名
実際のデータではなく、ユーザーにわかりやすい
ように便宜的に付けられる列の名前です。

名前	郵便番号	住所
しおり	123-4567	東京都○○区△△ x-x-xx
ちび	890-1234	神奈川県××市▲▲ x-x-xxx
しゃむ	890-1234	神奈川県××市▲▲ x-x-xxx
らん	890-1234	神奈川県××市▲▲ x-x-xxx

行（ロー）
1行が1件のデータを表します。
レコードともいいます。

列（カラム）
データの属性を表します。
フィールドともいいます。

コンピュータの世界に限らず、よく見かける形ですね。

リレーショナルデータベースは、テーブルどうしが連携（リレーション）して動く仕組みを持ちます。

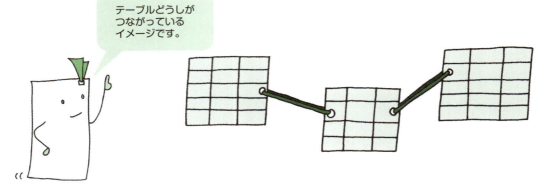

テーブルどうしがつながっているイメージです。

6　第1章／データベースとは

主キー

主キー（PRIMARY KEY）とは、テーブルの中で行を特定するための列です。たとえば、学生名簿テーブルを作る場合に学生番号列を主キーにしておけば、同姓同名の人がいても学生番号が違うので区別できます。主キーは、1つのテーブルに1つだけ設定できます。

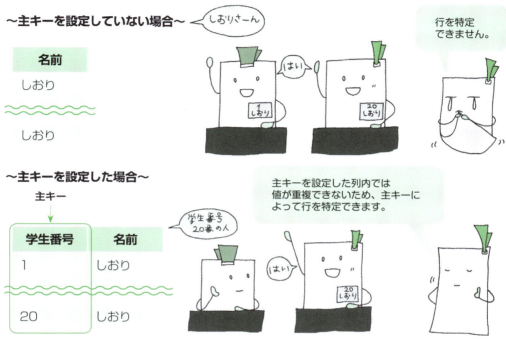

テーブルに主キーを設定すると次の例のように、テーブルどうしを連携しやすくなります。

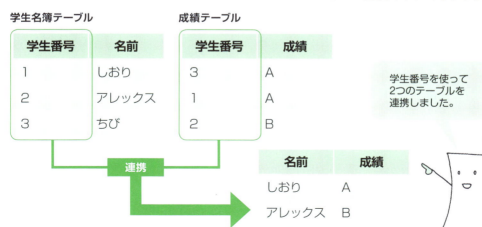

リレーショナルデータベースとは（1）

リレーショナルデータベースとは(2)

リレーショナルデータベースについて、もう少し詳しく見ていきましょう。

連結キー

主キーは、1つのテーブルに1つしか設定できませんが、複数の列を組み合わせて1つの主キーとすることもできます。これを**連結キー**（複合キー）といいます。1つの列だけではデータを特定できない場合に便利です。

〜 1つの列を主キーにしようとすると…〜

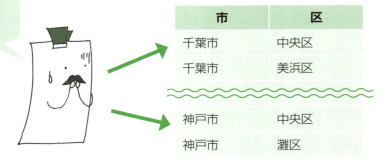

〜「市」と「区」を連結キーとした場合〜

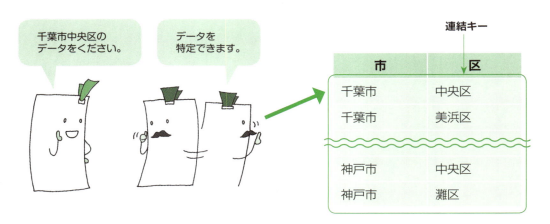

ビュー

既存のテーブルから必要な部分だけを取り出し、テーブルの形にとらわれない仮想的な表として表示する仕組みを、**ビュー**といいます。ビューを使うと、実際のデータはテーブル上に置いたまま、データを見たい形で表示できます（詳しくは第6章を参照してください）。

複数のテーブルのデータを連携させたビューも作れます。

リレーショナルデータベース管理システム

リレーショナルデータベースは、**リレーショナルデータベース管理システム**（**RDBMS**：Relational DataBase Management System）というソフトウェアが管理しています。

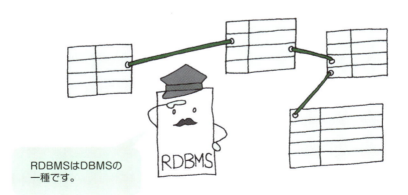

RDBMSはDBMSの一種です。

代表的なRDBMSには、SQL Server、Oracle、MySQL、PostgreSQLなどがあります。Microsoft OfficeのAccessも、RDBMSの仲間です。

本書は原則として、SQL Serverを利用することを前提に解説していきます。RDBMSによって文法が異なる場合は、その都度違いを指摘していきます。

SQL とは

リレーショナルデータベースでは、SQL 文を使ってデータの操作を行います。

🔓 SQL

SQL（Structured Query Language）は、リレーショナルデータベースを操作するときに RDBMS に命令するための言語です。

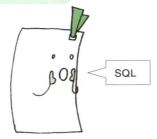

SQLのようにデータベースを操作するための言語を、データベース言語といいます。

🔓 クエリ

リレーショナルデータベースを使うときに RDBMS に出す要求を、**クエリ**（問い合わせ）といいます。RDBMS はクエリを受け取ると、指定された処理を行って結果を返します。クエリの中身の命令文のことを **SQL 文**といいます。

SQL 文は、ユーザーが直接記述することもできますが、簡単な操作を行うだけで自動的に SQL 文を生成してくれるソフトウェアもあります。

SQLでできること

SQLを使うと、主に次のようなことができます。

≫データの取得
リレーショナルデータベースから特定のデータを取り出せます。

≫データの操作（追加／削除／更新）
既存のテーブルに新しいデータを追加したり、特定のデータを削除できます。また、すでにあるデータを更新することもできます。

≫データベースやテーブルの作成
新しいデータベースやテーブルを作成できます。

COLUMN

～オブジェクトデータベース～

　表形式の RDB とは違い、個々のデータが枠にとらわれない形で存在するのが、**オブジェクトデータベース**（OODB：Object Oriented DataBase）です。これを管理するシステムを**オブジェクトデータベース管理システム**（OODBMS：Object Oriented DataBase Management System）といいます。

　「オブジェクト」とは何でしょう？ Java などのオブジェクト指向型のプログラミング言語を学んだことのある人なら耳にしたことがあると思いますが、オブジェクト指向型プログラミングでは、データやそれを処理する仕組みなどをまとめて「もの＝オブジェクト」として捉えます。そして、個々のオブジェクトにどういう機能を持たせるかという考え方で、プログラミングしていきます。「いろいろな働きを持ついくつもの部品（オブジェクト）を組み合わせて、大きなもの（プログラム）を作る」というイメージです。

　では、オブジェクト指向データベースでは、具体的にどのような形でデータを保管するのでしょう。たとえば、「自転車」という物体をデータベースに保管する場合、その方法を RDB と OODB とで比べると、次のようになります。

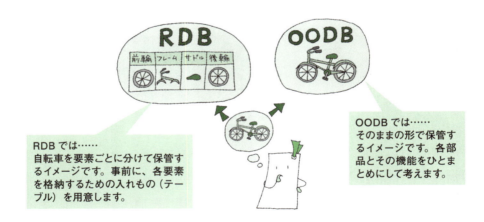

RDB では……
自転車を要素ごとに分けて保管するイメージです。事前に、各要素を格納するための入れもの（テーブル）を用意します。

OODB では……
そのままの形で保管するイメージです。各部品とその機能をひとまとめにして考えます。

　OODB は、OQL（Object Query Language）という、SQL に似た言語で標準化が行われたのち、実際に言語に組み込んで使える OODBMS として、Caché（キャシエ）、Objectivity/DB、db4o といった製品が発表されました。これらはオブジェクト指向言語の「クラス」というオブジェクトの設計図のようなものを通してデータベースにアクセスします。このようにオブジェクトデータベースはオブジェクト指向言語と親和性が高いのも特徴です。

第2章はここがkey

SQLを使ってみよう

　いよいよSQLを使った実作業のはじまりです。まずは、データベースやテーブルを作成していきます。

　データベースやテーブルを作るときは**CREATE文**というクエリを発行します。「CREATE＝創る」と考えると、とてもイメージが湧きやすいですね。作業としては、まずはデータベースを作成し、それからテーブルを作るという流れになります。

　また、テーブルを作るときには、あらかじめ各列に対して**データ型**を指定する必要があります。データ型とは、その列に入るのが数値なのか文字なのか、数値だったら整数なのか実数なのか、などを示すものです。そのほか、テーブルの内容を正しく保つために、「**制約**」というルールを設けることもできます。

データを操作するには?

　続いてテーブルにデータを登録する方法を紹介します。データを登録するには**INSERT文**を使います。このとき、データを登録する列のデータ型と登録するデータが合わないとエラーになるので、気を付けましょう。テーブルにデータを登録したら、次は登録したデータを、**SELECT文**を使って取り出します。INSERT（挿入）にしてもSELECT（選択）にしても、英語の意味から行われる作業が想像できるので、なじみやすいですね。

　また、SELECT文には、テーブルから取り出したデータの順序を並べ替えたり、データをグループ化したり、重複データを削除したりなどといった、追加機能も用意されています。SELECT文の基本的な使い方を覚えたら、次には効率良くデータを取り出すためのワザをいろいろと考えてみるのも面白いのではないでしょうか。

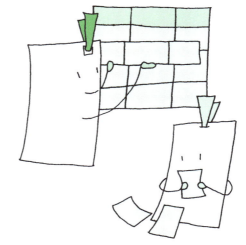

　ちなみに、SQLのようにデータベースを操作する働きを持つ言語のことを**データベース言語**といいますが、もう少し厳密に、役割ごとにカテゴライズすることもあります。「**データ定義言語**（DDL：Data Definition Language）」、「**データ操作言語**（DML：Data Manipulation Language）」、「**データ制御言語**（DCL：Data Control Language）」の3つです。本章で紹介するCREATE文などはDDLに、SELECT文やINSERT文などはDMLに、第7章で紹介するCOMMITやROLLBACKはDCLに含まれます。

データベースとテーブルの作成

いよいよ実際の操作に移ります。ここでは、SQLを使って
データベースとテーブルを作成してみましょう。

🔓 データベースの作成

「データはテーブルに収められ、テーブルはデータベースに収められている」と考えると、まずはデータベースを作る必要がありそうです。新しくデータベースを作成するときは、**CREATE DATABASE** を使います。

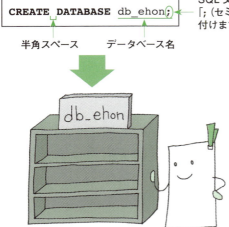

🔓 データベースの指定

RDBMS に接続した直後は、既定のデータベースが指定されています（RDBMS によって異なります）。SQL Server で新たに作ったデータベースを利用するときは、**USE** を使ってそれを指定する必要があります。

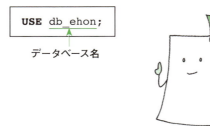

テーブルの作成

新しいテーブルの作成には **CREATE TABLE** を使います。たとえば code、title、price という列を持つ tbl_ehon というテーブルを作るときは、次のように定義します。

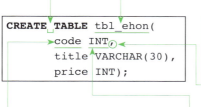

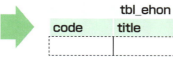

列名
テーブルや列名に使えない名前もあります（RDBMS によって異なります）。それらの言葉を使いたいときは [ ] で囲みます。

データ型
データの種類を指定します（34 ページ参照）。

ここでは枠組みだけができるイメージです。

例

```
CREATE DATABASE db_ehon;
GO

USE db_ehon;
CREATE TABLE tbl_ehon(
        code INT,
        title VARCHAR(30),
        price INT);
GO

SELECT * FROM tbl_ehon;
GO
```

- データベースを作成します。
- SQL Server の sqlcmd コマンド内では、「GO」+ [Enter] キーでクエリを実行します。
- データベースを指定します。
- テーブルを作成します。
- 実行
- テーブルを表示します（22ページ参照）。
- 実行

データが入っていないので、列名だけが表示されます。

実行結果

```
code       title       price
--------   ---------   -------
```

データベースとテーブルの作成　17

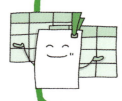

テーブルの制約

テーブルとは、データを入れるための"型"のようなものです。
その型に、あらかじめルールを設定することもできます。

制約

制約とは、登録するデータを常に正しい状態に保つための条件です。テーブルを作成するときに制約を設定すると、データの登録時に制限をかけられます。

制約には、単一の列に設定する**列制約**と、複数の列にまとめて設定する**テーブル制約**の 2 種類があります。連結キーは、後者に相当します。

```
CREATE TABLE tbl_ehon(
      code INT UNIQUE,
      title VARCHAR(30),
      price INT,
      PRIMARY KEY (title, price));
```

列制約
データ型のあとに半角スペースを空けて記述します。

テーブル制約
全ての列を定義したあとに記述します。連結キーを定義する場合は、「PRIMARY KEY (列名, 列名)」とします。

1 つの列に対して複数の制約を設定することもできます。その場合は、半角スペースを空けて続けて記述します。

```
code INT UNIQUE NOT NULL
```

半角スペース

制約の主な種類

制約には、主に次のようなものがあります。

制約	働き
PRIMARY KEY（主キー）	・データの重複を禁止する ・NULL 値を禁止する
UNIQUE	・データに一意性を持たせる
CHECK(条件式)	・あらかじめ条件式を用意し、それに合わないデータを禁止する
NOT NULL	・NULL 値を禁止する
DEFAULT=値	・あらかじめ指定した値を初期値として登録する

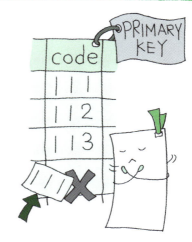

値が入っていない状態をNULL値といいます。

例

```
USE db_ehon;
CREATE TABLE tbl_height(
    id INT PRIMARY KEY,
    name VARCHAR(20),
    height FLOAT);
GO
```

データベースを指定します。

id 列を主キーに設定します。

実行

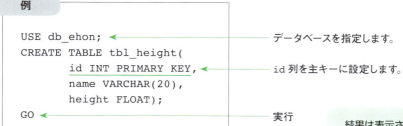

結果は表示されませんが、こんな表ができているとイメージしましょう。

テーブルの制約　19

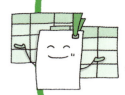

データの登録

作成したテーブルにデータを登録してみましょう。

🔓 データを登録する

テーブルにデータを登録するときは、**INSERT 文**を使います。登録先のテーブルを **INTO** のあとに指定します。

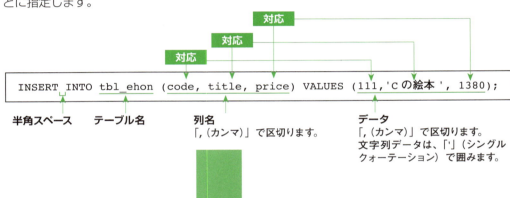

上のSQL文を実行してできる表は、こんな感じです。

20　第2章／SQLの基礎

下のようにINSERT文をいくつか記述してから実行すると、複数のデータを一括で登録できます。

```
INSERT INTO tbl_ehon (code, title, price) VALUES (111, 'Cの絵本', 1380);
INSERT INTO tbl_ehon (code, title, price) VALUES (112, 'Javaの絵本' , 1580);
INSERT INTO tbl_ehon (code, title, price) VALUES (113, 'アルゴリズムの絵本', 1680);
INSERT INTO tbl_ehon (code, title, price) VALUES (114, 'TCP/IPの絵本', 1680);
GO
```

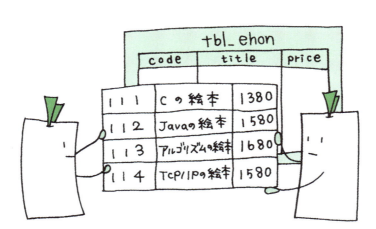

データの取り出し

テーブルに登録したデータを取り出してみましょう。データを取り出すことを「照会」ともいいます。

🔒 全てのデータを取り出す

テーブルに登録してあるデータを取り出すには **SELECT 文**を使います。また、「どのテーブルから取り出したいか」は、**FROM 句**を使って指定します。ここでは、テーブルの全ての行、列を取り出す方法を紹介します。

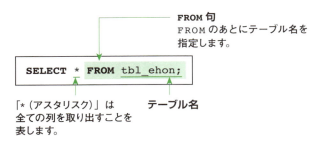

FROM 句
FROM のあとにテーブル名を指定します。

`SELECT * FROM tbl_ehon;`

「*（アスタリスク）」は全ての列を取り出すことを表します。

テーブル名

「SELECT 列名」や「FROM テーブル名」のようなSQL文を構成する要素を「句」といいます。

19ページの例で作成したテーブルにデータを登録し、取り出してみます。

例

```
                    tbl_height テーブルのあるデータベースを指定します。
USE db_ehon;
INSERT INTO tbl_height (id, name, height) VALUES (1, '相澤', 149.5);
INSERT INTO tbl_height (id, name, height) VALUES (2, '山本', 172);
INSERT INTO tbl_height (id, name, height) VALUES (3, '澤口', 168);
INSERT INTO tbl_height (id, name, height) VALUES (4, '小林', 149.5);
SELECT * FROM tbl_height;
GO
```

tbl_height

id	name	height
1	相澤	149.5
2	山本	172
3	澤口	168
4	小林	149.5

id	name	height
1	相澤	149.5
2	山本	172
3	澤口	168
4	小林	149.5

19ページの例題を実行して tbl_heightを作成してから、この例題を実行しましょう。

実行結果

```
id          name            height
--------    -------------   -------
       1    相澤              149.5
       2    山本              172.0
       3    澤口              168.0
       4    小林              149.5
```

データの取り出し 23

指定列の取り出し

テーブルから指定した列のみを取り出すこともできます。

1 列だけ取り出す

テーブルから指定した列のデータだけを取り出すこともできます。その場合は、次のように記述します。

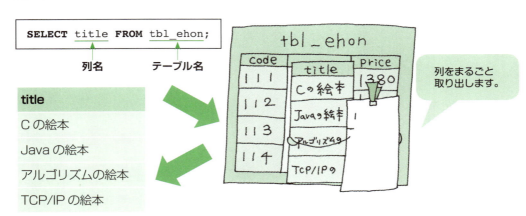

例

```
USE db_ehon;        ← tbl_height テーブルのあるデータベースを指定します。
SELECT name FROM tbl_height;
GO
```

この例題は 23 ページの例題を実行してから行いましょう。

実行結果

```
name
--------
相澤
山本
澤口
小林
```

複数の列を取り出す

複数の列をまとめて取り出すには、列名を「,（カンマ）」で区切って列挙します。

この順番で表示されます。

```
SELECT title, price FROM tbl_ehon;
```

列名

title	price
C の絵本	1380
Java の絵本	1580
アルゴリズムの絵本	1680
TCP/IP の絵本	1680

必要な情報だけを自由に取り出せます。

例

この例題は 23 ページの例題を実行してから行いましょう。

```
USE db_ehon;
SELECT id, height FROM tbl_height;
GO
```

指定する列名や記述順を変えて、いろいろな形で表示してみましょう。

実行結果
```
id      height
------  ----------
     1       149.5
     2       172.0
     3       168.0
     4       149.5
```

1 データベースとは

2 SQL の基礎

3 演算子

4 関数

5 基本的なデータ操作

6 複雑なデータ操作

7 データを守る仕組み

8 プログラムとの連携

9 付録

指定列の取り出し 25

条件を指定した取り出し

WHERE 句を使うと、条件に合ったデータだけを取り出せます。

WHERE 句

特定の条件に合ったデータだけを取り出したいときは、**WHERE 句**を使います。

WHERE 句
WHERE のあとに条件式を指定します。

```
SELECT * FROM tbl_address WHERE zip_code = '170-0000';
```

条件式

tbl_address

name	zip_code	address
相澤	170-0000	東京都豊島区・・・
山本	690-0000	島根県松江市・・・
澤口	170-0000	東京都豊島区・・・
小林	943-0000	新潟県上越市・・・

tbl_addressテーブルから、zip_code列が170-0000の人のデータを取り出します。

WHERE

name	zip_code	address
相澤	170-0000	東京都豊島区・・・
澤口	170-0000	東京都豊島区・・・

例

```
USE db_ehon;
CREATE TABLE tbl_exam (
        id INT PRIMARY KEY,
        name VARCHAR(20),
        score1 INT,
        score2 INT);
GO
INSERT INTO tbl_exam (id, name, score1, score2) VALUES (1, '相澤', 100, 98);
INSERT INTO tbl_exam (id, name, score1, score2) VALUES (2, '山本', 75, 80);
INSERT INTO tbl_exam (id, name, score1, score2) VALUES (3, '澤口', 70, 93);
INSERT INTO tbl_exam (id, name, score1, score2) VALUES (4, '小林', 54, 65);
GO
SELECT name FROM tbl_exam WHERE id = 3;
GO
```

実行結果

```
name
--------
澤口
```

条件に合うデータを並べ替えて取り出す

WHERE 句と ORDER BY 句と組み合わせて使うと、次のようなこともできます。

```
SELECT * FROM tbl_exam WHERE score2 >= 90 ORDER BY id DESC;
```

tbl_exam

id	name	score1	score2
1	相澤	100	98
2	山本	75	80
3	澤口	70	93
4	小林	54	65

tbl_examテーブルから、score2列の値が90以上のデータを、idが大きい順に取り出します。

WHERE

id	name	score1	score2
3	澤口	70	93
1	相澤	100	98

id が
大きい順

例

```
USE db_ehon;
SELECT * FROM tbl_exam
    WHERE score1 = 100;
SELECT * FROM tbl_exam
    WHERE score2 >= 80 ORDER BY score2 DESC;
GO
```

① score1 が 100 点の人を取り出します。

② score2 が 80 点以上の人を、点数が高い順に取り出します。

実行結果

```
id      name        score1      score2
-----   ---------   --------    --------
    1   相澤             100          98

id      name        score1      score2
-----   ---------   --------    --------
    1   相澤             100          98
    3   澤口              70          93
    2   山本              75          80
```

①の結果

②の結果

件数を指定した取り出し

件数を指定して取り出す方法は RDBMS によって異なります。

🔓 SQL Server での指定方法

TOP 句を使って先頭から何行取り出すかを指定します。

```
SELECT TOP (10) id FROM tbl_a ORDER BY id;
```

TOP 句 → `TOP (10)`
取り出す行数 → `(10)`

取り出すデータの量を、行数ではなくパーセンテージで指定することもできます。

```
SELECT TOP (20) PERCENT id FROM tbl_a ORDER BY id;
```

🔓 Oracle での指定方法

ROWNUM 擬似列を使って何行目まで取り出すかを指定します。擬似列とは、実際のテーブルには存在しないのに、あたかも存在する列であるかのように扱える仕組みのことです。

```
SELECT * FROM tbl_a WHERE ROWNUM <= 10;
```

次のようにして範囲を指定することもできます。

```
SELECT * FROM tbl_a
    WHERE ROWNUM BETWEEN 2 AND 4;
```

先頭の行 → `2`
最後の行 → `4`

28　第 2 章／ SQL の基礎

MySQL、PostgreSQLでの指定方法

MySQLでは **LIMIT句** で、PostgreSQLでは **LIMIT句** と **OFFSET句** を使って、何行目から何行目までを取り出すかを指定します。これらは、ORDER BY句のあとに次のように記述します。

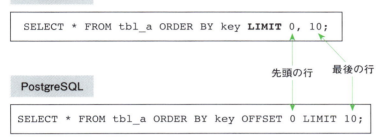

MySQL

```
SELECT * FROM tbl_a ORDER BY key LIMIT 0, 10;
```

PostgreSQL

```
SELECT * FROM tbl_a ORDER BY key OFFSET 0 LIMIT 10;
```

先頭の行　最後の行

「どこからどこまで」という範囲を指定します。

データの並べ替え

SELECT で取り出したデータは、ユーザーの希望どおりの順番に並ぶとは限りません。そこで、並び順を指定する方法を紹介します。

ORDER BY 句

SELECT 文で利用できるオプションのひとつに **ORDER BY 句**があります。ORDER BY 句を使うと、指定した列を基準にデータを並べ替えて表示できます。

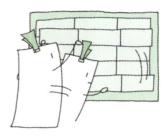

≫昇順に並べ替える

昇順に並べ替えるには、次のように記述します。

```
SELECT * FROM tbl_ehon ORDER BY price ASC;
```

半角スペース　列名　「ASCEND」の略で昇順を意味します。省略できます。

「tbl_ehonテーブルの全てのデータを、price列を基準に昇順で並べ替えてください」という意味です。

≫降順に並べ替える

降順に並べ替えるには、次のように記述します。

```
SELECT * FROM tbl_ehon ORDER BY price DESC;
```

列名　「DESCEND」の略で、降順を意味します。

「tbl_ehonテーブルの全てのデータを、price列を基準に降順で並べ替えてください」という意味です。

複雑な並べ替え

並べ替えの基準となる列を複数指定して、より詳細な条件で並べ替えることもできます。

「,(カンマ)」で区切って列挙します。

```
SELECT * FROM tbl_ehon ORDER BY price, code;
```

列名

まずはprice列を基準に
昇順で並べ替え、
値が等しい場合はcode列を基準に
昇順で並べ替えます。

例

この例題は23ページの例題を
実行してから行いましょう。

```
USE db_ehon;
SELECT * FROM tbl_height ORDER BY height DESC, id DESC;  ①
SELECT * FROM tbl_height ORDER BY height DESC, id ASC;   ②
GO
```

実行結果

```
id        name      height            ①
------    --------  ---------
     2    山本          172.0
     3    澤口          168.0
     4    小林          149.5
     1    相澤          149.5

id        name      height            ②
------    --------  ---------
     2    山本          172.0
     3    澤口          168.0
     1    相澤          149.5
     4    小林          149.5
```

height列の値が同じ
2件のデータの順番に
注目しましょう。

データの並べ替え 31

その他のオプション

ここでは、その他のオプションとして GROUP BY 句、DISTINCT 句、AS 演算子を紹介します。

データをグループ化する

GROUP BY 句を使うと、指定した列のデータが同じである場合に、それらの行を 1 つにまとめられます。集約関数（76 ページ）とともに利用します。

```
SELECT price, COUNT(title) FROM tbl_ehon GROUP BY price;
```

COUNT 関数
集約関数のひとつです。
() 内に指定した列に存在する行数を返します。

半角スペース

グループ化する列名
この列にある同じデータは
ひとまとめにされます。

tbl_ehon

code	title	price
111	C の絵本	1380
112	Java の絵本	1580
113	アルゴリズムの絵本	1680
114	TCP/IP の絵本	1680

グループ化　　　 COUNT()

price	COUNT(title)
1380	1
1580	1
1680	2

データを集計する
ときに便利です。

重複データを除去する

DISTINCT 句を使うと、指定した列にある重複したデータを取り除いて表示できます。複数の列を指定することもでき、その場合は列名を「，（カンマ）」で区切ります。

```
SELECT DISTINCT title FROM tbl_ehon;
```
　　　　　　　　　　　列名

title
C の絵本
Java の絵本
アルゴリズムの絵本
TCP/IP の絵本
C の絵本

→

title
C の絵本
Java の絵本
アルゴリズムの絵本
TCP/IP の絵本

「C の絵本」は 2 つあるので、
1 つ取り除かれました。

列名を変えて表示する

AS 演算子を使うと、既存の列に別の名前を付けて表示できます。表示される列名が変更されるだけで、元の列名が書き換えられるわけではありません。

```
SELECT code AS bookcode FROM tbl_ehon;
```

変更後の列名

「code」という列名を「bookcode」に変更します。

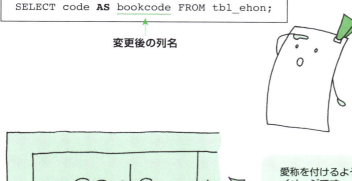

愛称を付けるようなイメージです。

例

```
USE db_ehon;
SELECT DISTINCT height AS stature FROM tbl_height;
GO
```

この例題は 23 ページの例題を実行してから行いましょう。

同じデータは排除され、列名の表記が変わりました。

実行結果

```
stature
----------
  149.5
  168.0
  172.0
```

「height」が「stature」に変更されます。

データ型 (1)

SQL99 準拠の主なデータ型を紹介します。ただし RDBMS によって名称や意味が少しずつ違うことがあるので注意が必要です。

🔓 整数型

整数型は、整数を扱うときに指定するデータ型です。主な整数型には次のようなものがあります。

データ型（SQL99）	扱えるデータ	使い方（SQL Server）
INTEGER	整数値	INT
SMALLINT	INTEGER より範囲が狭い整数値	SMALLINT

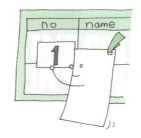

指定した型のデータのみ登録できます。

🔓 実数型

実数型は、小数点を含む数値を扱うときに指定するデータ型です。主な実数型には、次のようなものがあります。

データ型（SQL99）	扱えるデータ	使い方（SQL Server）
DECIMAL 【(m 【, n】)】※1	m に全桁数を、n に小数点以下の桁数を指定することで、ユーザーが精度を決定できる	DECIMAL 【(m 【, n】)】※1
NUMERIC 【(m 【, n】)】※1	m に全桁数を、n に小数点以下の桁数を指定することで、ユーザーが精度を決定できる	NUMERIC 【(m 【, n】)】※1
REAL	単精度浮動小数値	REAL
FLOAT 【(n)】※2	浮動小数値	FLOAT 【(n)】※2
DOUBLE PRECISION	倍精度浮動小数値	FLOAT(53)

※1：【 】の部分は省略できます。省略した場合は、小数点以下が四捨五入されます。
※2：n<=53 です。n<=24 のときは、REAL と同じになります。【 】の部分は省略できます。

文字列型

文字列型は、文字列を扱うときに指定するデータ型です。主な文字列型には次のようなものがあります。

データ型（SQL99）	扱えるデータ	使い方（SQL Server）
`CHARACTER 【(n)】`[3]	長さが固定（n バイト以内）の文字列	`CHAR 【(n)】`[3]
`CHARACTER VARYING(n)`[3]	長さが可変（n バイト以内）の文字列	`VARCHAR(n)`[3]
`CHARACTER LARGE OBJECT`	文章などの大量の文字列	`TEXT`
`NATIONAL CHARACTER 【(n)】`[4]	長さが固定（n 文字以内）の UNICODE 文字列	`NCHAR 【(n)】`[4]
`NATIONAL CHARACTER VARYING(n)`[4]	長さが可変（n 文字以内）の UNICODE 文字列	`NVARCHAR(n)`[4]
`NATIONAL CHARACTER LARGE OBJECT`	文章などの大量の UNICODE 文字列	`NTEXT`

[3]：n=<8000 です。【 】の部分は省略でき、その場合は n=1 になります。
[4]：n=<4000 です。【 】の部分は省略でき、その場合は n=1 になります。

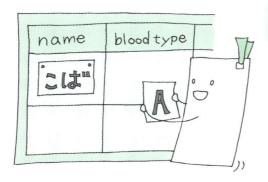

0文字でも1文字でも文字列として扱います。

データベースとは

SQL の基礎

演算子

関数

基本的なデータ操作

複雑なデータ操作

データを守る仕組み

プログラムとの連携

付録

データ型(1) 35

データ型 (2)

引き続き、SQL99 に準拠したデータ型を見ていきます。

🔓 日付／時間型

日付と時刻を扱う日付／時間型には、次のようなものがあります。

SQL99	扱えるデータ	SQL Server における型
DATE	日付（YYYY-MM-DD）	DATE
TIME	時刻（HH:MM:SS）	TIME
TIMESTAMP	自動更新される日時 （YYYY-MM-DD HH:MM:SS）	SMALLDATETIME DATETIME（ミリ秒まで記録） DATETIME2（ナノ秒まで記録）
INTERVAL	日付や時刻の差	使えません

SQL ServerのTIMESTAMP型は、データのバージョンを内部的に管理するために使われるもので、SQL99での用途とは異なります。

🔓 真理値型 （ブール型）

ものごとの真偽を扱う真理値型には、次のようなものがあります。

SQL99	扱えるデータ	SQL Server における型
BOOLEAN	TRUE（真）、 FALSE（偽）、 UNKNOWN（不明）のいずれか	BOOLEAN

🔓 バイナリ型

画像データや音声データなど、テキストや数値で表せないデータをバイナリデータといいます。バイナリ型は、バイナリデータを扱うときに使います。

SQL99	扱えるデータ	SQL Server における型
`BIT( n )`	長さが固定（上限nビット）のビット列	`BIT`（1 ビット） `BINARY`
`BIT VARYING 【( n )】`※1	長さが可変（上限nビット）のビット列	`VARBINARY`
`BINARY LARGE OBJECT`	バイナリデータ	`VARBINARY`

※1：【 】は省略できることを表します。省略した場合は、「無限のビット列」になります。

≫ ビットとバイト

コンピュータで扱う情報は、電気的にオンの状態（1）とオフの状態（0）で表せます。この1か0の値を持つ情報の最小単位を**ビット**といいます。また、ビットが8つ集まったもの（8ビット）を1**バイト**といいます。

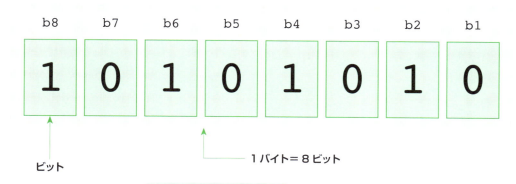

1バイトで2^8＝256通りの情報を表せます。

COLUMN

〜 IDENTITY 〜

　SQL Serverでは、列に **IDENTITY**（ID値）の指定ができます。IDENTITYは、列に自動的に連番を割り振る働きを持っています。たとえば、経理伝票などには連続した伝票番号が掲載されていますが、このような番号をいちいち入力するのは大変ですし、入力ミスも考えられます。そんなとき、このIDENTITYを指定しておけば、入力時のわずらわしさを軽減できます。
　IDENTITYを指定するには、テーブル作成時に次のように列の定義を行います。

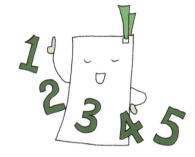

　この場合、id列に登録される最初のデータは0となり、続いて10、20、30……というように割り振られていきます。また、( )は省略することもできます。

```
id INT IDENTITY
```

　省略した場合は、(1, 1)を設定したのと同じになり、1、2、3、4……という番号が割り振られます。
　IDENTITYを指定できるデータ型は、次のとおりです。

　　INT , SMALLINT , TINYINT , BIGINT , DECIMAL , NUMERIC

　さらに、IDENTITYの利用にあたっては、次のようなルールがあります。

- ・テーブルの中で、1つの列だけに指定できます
- ・IDENTITYを指定した列にNULL値を入れることはできません
- ・IDENTITYとDEFAULT（19ページを参照してください）は同時に指定できません

　基本的に、IDENTITYを指定した列には、ユーザーが任意の番号を登録することはできません。SETコマンドを使ってIDENTITY_INSERTをONに設定すれば登録できるようになりますが、この方法だと重複した番号でも登録されてしまうので、あまりおすすめできません。
　IDENTITYのような働きをするものとして、OracleにはSEQUENCEオブジェクトが、PostgreSQLにはSERIAL型があります。

3
演算子

いろいろな演算子

　この章では、**演算子**について学びます。演算子には、たとえば計算で使う + や - がありますが、このように計算に使う演算子を**算術演算子**といいます。ただし、コンピュータのキーボードに ÷ がないことからもわかるように、算数でおなじみの記号とは少し違う表現をするものもあるので気を付けましょう。

　また、計算をする演算子以外にも、値を比べるときに使う**比較演算子**や条件判断のときに使う**論理演算子**などがあります。さらに、比較演算子と論理演算子を組み合わせた複雑な例や、文字を扱う演算子なども登場しますので参考にしてください。

SQL 特有の演算子

　演算子にはSQLならではのものもあります。たとえば、文字列をつなげる演算子、あいまいに値を比較する演算子、値が範囲や集合に含まれているかを判断する演算子といった具合です。また、第1章でも触れたとおり、NULLは値が入っていないことを表しますが、NULLであるかどうかを判定する演算子もあります。

　この章で紹介する演算子の多くはSELECT文のWHERE句の中で、データを取り出す条件を指定するときに使います。さまざまな演算子を組み合わせて幾通りもの条件式を作ることは、パズルに近いかもしれません。いろいろな値を入れて計算結果を試してみることで、データベースとの対話を楽しんでみましょう。

ここが Key!

この章で使うテーブル

この章の例では次のテーブルを使います。必要に応じてテーブルを作成してください。

tbl_exam

```
USE db_ehon;
CREATE TABLE tbl_exam (          テーブルを作成します。
        id INT PRIMARY KEY,
        name VARCHAR(20),
        score_kokugo INT,
        score_eigo INT);
INSERT INTO tbl_exam (id, name, score_kokugo, score_eigo)
        VALUES (1, '相澤', 100, 98);
INSERT INTO tbl_exam (id, name, score_kokugo, score_eigo)
        VALUES (2, '山本', 75, 80);
INSERT INTO tbl_exam (id, name, score_kokugo, score_eigo)
        VALUES (3, '澤口', 70, 93);
INSERT INTO tbl_exam (id, name, score_kokugo, score_eigo)
        VALUES (4, '小林', 54, 65);
```

データを登録します。

tbl_stdlist

```
USE db_ehon;
CREATE TABLE tbl_stdlist (
        id INT PRIMARY KEY,
        myoji VARCHAR(10),
        namae VARCHAR(10)
);
INSERT INTO tbl_stdlist (id, myoji, namae)
        VALUES (1, '相澤', '奈美子');
INSERT INTO tbl_stdlist (id, myoji, namae)
        VALUES (2, '山本', '太月');
INSERT INTO tbl_stdlist (id, myoji, namae)
        VALUES (3, '澤口', '映');
INSERT INTO tbl_stdlist (id, myoji, namae)
        VALUES (4, '小林', '麻衣子');
```

tbl_bookprice

```
USE db_ehon;
CREATE TABLE tbl_bookprice (
        code INT PRIMARY KEY,
        title VARCHAR(30),
        price INT);
INSERT INTO tbl_bookprice (code, title, price)
            VALUES (1, 'Cの絵本', 1380);
INSERT INTO tbl_bookprice (code, title, price)
            VALUES (2, 'Javaの絵本', 1580);
INSERT INTO tbl_bookprice (code, title)
            VALUES (3, 'SQLの絵本');
```

算術演算子

SQL 文の中で数値の計算をするには、算術演算子を使います。

数の計算で使う演算子

SQL で数の計算に使える演算子には、次のものがあります。

演算子	働き	使い方	意味
+（プラス）	+（足す）	a + b	a と b を足す
-（マイナス）	-（引く）	a - b	a から b を引く
*（アスタリスク）	×（かける）	a * b	a と b をかける
/（スラッシュ）	÷（割る）	a / b	a を b で割る
%（パーセント）	…（余り）	a % b	a を b で割った余り

※Oracle では a%b の代わりに、MOD() 関数を使って MOD(a,b) と書きます。

▶記述方法

算術演算子を使うときは、数または列名を使って、下記のように記述します。

price 列の値に 0.05 をかける

`price * 0.05`

total 列の値を number 列の値で割る

`total / number`

例

42 ページを参考に、tbl_exam を用意しましょう。

```
USE db_ehon;
SELECT name, (score_kokugo + score_eigo) AS sum FROM tbl_exam;
GO
```

実行結果

```
name      sum
-------   --------
相澤       198
山本       155
澤口       163
小林       119
```

このように、()を付けると読みやすくなります。

44　第 3 章／演算子

≫計算の優先順位を指定する

算数には「式の中の( )でくくった部分を先に計算する」というルールがありますが、SQLの算術演算子にも同様のルールが当てはまります。

> **total 列の値を number 列の値で割り、その結果に 0.05 をかける**

```
(total / number) * 0.05
```

( )がないと意味が変わってしまいます。

例

```
USE db_ehon;
SELECT name, (score_kokugo + score_eigo) / 2 AS average
       FROM tbl_exam ORDER BY average DESC;
GO
```

42 ページを参考に、tbl_exam を用意しましょう。

2教科の平均を計算して、値の高い順に並べています。

実行結果

```
name        average
------      --------
相澤             99
澤口             81
山本             77
小林             59
```

比較演算子

条件式を作るときに使う、比較演算子を見ていきましょう。

比較演算子

WHERE 句では、値や数値を比較して条件式を作り、その結果によって処理を変えられます。このときに使う演算子を、**比較演算子**といいます。演算の結果、条件が成立した場合は「**TRUE（真）**」、成立しない場合は「**FALSE（偽）**」の値が返ります。

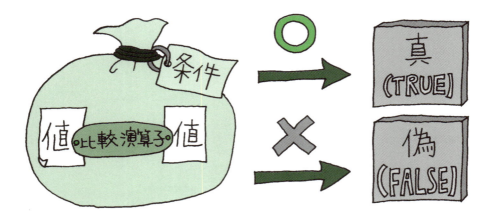

比較演算子には、次のようなものがあります。

演算子	使い方	意味
=	a = b	a と b は等しい
<	a < b	a は b より小さい
<=	a <= b	a は b 以下
>	a > b	a は b より大きい
>=	a >= b	a は b 以上
<>	a <> b	a と b は等しくない
!=	a != b	

<=など、2つの記号で1つの働きをしているものは、スペースなどで区切らないでください。

条件式の評価

条件式を評価した結果は、TRUE（真）か、FALSE（偽）になります。WHERE 句を使うと、指定した条件式を評価した結果が FALSE のデータは除外され、TRUE のデータだけが取り出されます。

例

```
USE db_ehon;
SELECT id, name, score_eigo FROM tbl_exam WHERE score_eigo > 90;  ①
SELECT id, name, score_kokugo FROM tbl_exam WHERE name = '相澤';  ②
GO
```

42 ページ参考に、tbl_exam を用意しましょう。

実行結果

```
id          name      score_eigo         ①
---------   --------  ---------------
        1   相澤                   98
        3   澤口                   93

id          name      score_kokugo       ②
---------   --------  ---------------
        1   相澤                  100
```

条件式内の文字列も、必ず「 ' （シングルクォーテーション）」で囲みます。

比較演算子

論理演算子

論理演算子とは、複数の条件式を組み合わせて、より複雑な条件式を作るための演算子です。

論理演算子

論理演算子を使うと、複数の条件を組み合わせて、より複雑な条件を表せます。

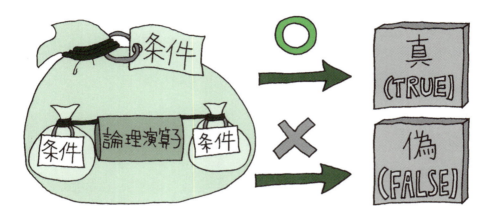

論理演算子には、次の3種類があります。

演算子	働き	使い方	意味
AND	かつ	(a >= 10) AND (a <= 20)	aは10以上かつ20以下
OR	または	(a = 5) OR (a = 10)	aは5か10
NOT	〜ではない	NOT (a = 200)	aは200ではない

たとえば、条件a、bがあるときの論理演算子の働きを図示すると、次のようになります。

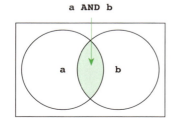
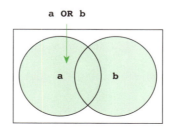
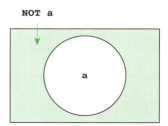

≫複雑な条件式

次に、比較演算子と論理演算子を使った、少し複雑な条件式を見てみましょう。

a は 60 以上かつ 80 以下である

```
(a >= 60) AND (a <= 80)
```

60 <= a <= 80とは書けません。

b は 1 でも 5 でもない

```
NOT (b = 1 OR b = 5)   … 「b = 1 または b = 5」ではない
NOT (b = 1) AND NOT (b = 5)   … b = 1 ではなく、b = 5 でもない
```

どちらも同じ意味です。

例

42 ページを参考に、tbl_exam を用意しましょう。

```sql
USE db_ehon;
SELECT * FROM tbl_exam
    WHERE ((id % 2) < 1) AND (score_eigo >= 80);        ①
SELECT * FROM tbl_exam
    WHERE (score_kokugo >= 90) OR (score_eigo >= 90);   ②
SELECT * FROM tbl_exam
    WHERE NOT ((score_kokugo + score_eigo) > 150);      ③
GO
```

① id 列の値が偶数で、score_eigo 列の値が 80 以上のデータを表示します。

② score_kokugo 列の値、または score_eigo 列の値が 90 以上のデータを表示します。

③ score_kokugo 列の値と score_eigo 列の値の合計が 150 より大きくないデータを表示します。

実行結果

```
id          name      score_kokugo           score_eigo          ①
---------   -------   --------------------   ----------------
        2   山本                       75                   80

id          name      score_kokugo           score_eigo          ②
---------   -------   --------------------   ----------------
        1   相澤                      100                   98
        3   澤口                       70                   93

id          name      score_kokugo           score_eigo          ③
---------   -------   --------------------   ----------------
        4   小林                       54                   65
```

文字を扱う演算子

文字を扱うための演算子を紹介します。

🔒 文字連結演算子

文字を連結させるときには、|| 演算子を使います。ただし、SQL Server では、+ 演算子を、MySQL では CONCAT() 関数を使います。

```
SELECT name || keisho FROM tbl_meibo;
```

列名　　　列名　　　　　テーブル名

連結できるのは、文字列型の列のみです。

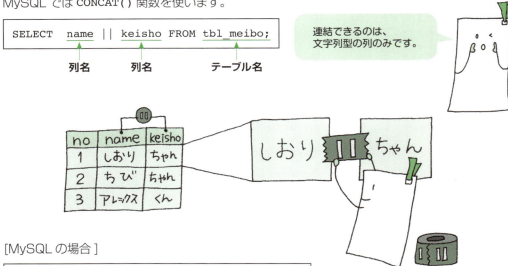

[MySQL の場合]

```
SELECT CONCAT(name, keisho) FROM tbl_meibo;
```

例

```
USE db_ehon;
SELECT myoji + ' ' + namae AS name FROM tbl_stdlist;
GO
```

半角スペース

42 ページを参考に、tbl_stdlist を用意しましょう。

実行結果

```
name
------------------
相澤 奈美子
山本 太月
澤口 映
小林 麻衣子
```

🔒 文字列の比較

文字列から特定の文字を含むデータを取り出したいときには、**LIKE** 演算子を使います。

name列のデータが「し」からはじまる全てのデータを取り出します。

≫条件の付け方

LIKE 演算子と一緒に次の記号を使うと、あいまいな条件での指定が行えます。

演算子	働き	使い方	意味
%（パーセント）	0〜任意の長さの文字列に相当する	%山%	富士山、山田、など「山」が含まれる文字列
_（アンダースコア）	1 文字に相当する	_おり	しおり、かおり、など「おり」の前に任意の 1 文字が入る文字列

例

42 ページを参考に、`tbl_stdlist` を用意しましょう。

```
USE db_ehon;
SELECT * FROM tbl_stdlist WHERE myoji LIKE '%澤%';   ①
SELECT * FROM tbl_stdlist WHERE myoji LIKE '澤_';    ②
GO
```

実行結果

```
id          myoji           namae                ①
---------   ---------------  ---------------
        1   相澤             奈美子
        3   澤口             映

id          myoji           namae                ②
---------   ---------------  ---------------
        3   澤口             映
```

その他の演算子(1)

英語に近い表現で使える便利な演算子をいくつか紹介します。

BETWEEN 演算子

「BETWEEN ～ AND ～」という表現は英語の熟語としておなじみですね。

BETWEEN ～ AND を使うと、値の範囲指定ができます。

```
SELECT score FROM game WHERE score BETWEEN 10 AND 100;
```
　　　　　　　　　　　　　　　　　列名　　　　値の下限　値の上限

ちなみに、上記の SQL 文の score BETWEEN 10 AND 100 は、AND 演算子を使って次のようにも表現できます。

```
(score >= 10) AND (score <= 100)
```

「BETWEEN ～ AND」を使ったほうがスマートです。

例

42 ページを参考に、tbl_exam を用意しましょう。

```
USE db_ehon;
SELECT * FROM tbl_exam WHERE score_eigo BETWEEN 90 AND 100;
GO
```

実行結果

```
id          name      score_kokugo          score_eigo
---------   -------   -------------------   ---------------
        1   相澤                      100                98
        3   澤口                       70                93
```

52　第 3 章／演算子

IS NULL 演算子

`IS NULL` 演算子を使うと、指定した列の値が NULL かどうかを調べられます。`IS NULL` 演算子には、次の 2 通りの使い方があります。

| 列名 IS NULL | …指定した列の値が NULL ならば TRUE、NULL でなければ FALSE |

| 列名 IS NOT NULL | …指定した列の値が NULL でなければ TRUE、NULL ならば FALSE |

「列名 = NULL」とは書きませน。

例

43 ページを参考に、`tbl_bookprice` を用意しましょう。

```
USE db_ehon;
SELECT * FROM tbl_bookprice WHERE price IS NOT NULL;   ①
SELECT title + 'は価格未定' FROM tbl_bookprice           ②
       WHERE price IS NULL;
GO
```

実行結果

```
code        title              price                   ①
---------   --------------     ------------
        1   Cの絵本             1380
        2   Javaの絵本          1580


----------------------                                  ②
SQLの絵本は価格未定
```

その他の演算子(1) 53

その他の演算子 (2)

IN 演算子を使うと、「列の値が次のいずれかと一致する」ということを簡単に表せます。

🔓 IN 演算子

IN 演算子を使うと、指定した列のデータの中から、( ) 内のいずれかの値と一致するデータだけを取り出せます。

複数の値を指定するときは「,」で区切って列挙します。

```
SELECT player FROM tbl_team WHERE sebango IN (5, 10);
```
列名 / 取り出したい値

また、IN とは逆に「指定した値以外」という条件を付けたいときは、**NOT IN** を使います。

```
SELECT player FROM tbl_team WHERE sebango NOT IN (1, 9);
```
列名 / 取り出したくない値

サブクエリ (96ページを参照) を使っても同様の条件付けができます。

例

42 ページを参考に、tbl_exam を用意しましょう。

```
USE db_ehon;
SELECT * FROM tbl_exam WHERE id IN (2, 4);
GO
```

実行結果

```
id        name     score_kokugo         score_eigo
--------- -------  -------------------  --------------
        2 山本                      75                80
        4 小林                      54                65
```

≫ 比較演算子を使った場合との違い

比較演算子を使っても、IN 演算子と同様の条件付けができます。

---

std_no 列が 5 か 10

IN を使用　　`std_no IN (5, 10)`

OR を使用　　`(std_no = 5) OR (std_no = 10)`

---

std_no 列が 5 と 10 以外

IN を使用　　`std_no NOT IN (5, 10)`

AND を使用　　`(std_no != 5) AND (std_no != 10)`

> IN演算子を使ったほうが、
> よりスマートにまとめられます。

例

> 42 ページを参考に、
> `tbl_exam` を用意しましょう。

```
USE db_ehon;
SELECT * FROM tbl_exam WHERE id IN (1, 3);
SELECT * FROM tbl_exam WHERE id NOT IN (1, 3);
GO
```

実行結果

```
id          name      score_kokugo          score_eigo
---------   -------   -------------------   ---------------
        1   相澤                      100                98
        3   澤口                       70                93

id          name      score_kokugo          score_eigo
---------   -------   -------------------   ---------------
        2   山本                       75                80
        4   小林                       54                65
```

その他の演算子（2）　**55**

COLUMN

～SQL文における句の実行順序～

　SQL文の中で最も重要なのは何といってもデータを取得するSELECT文です。このSELECT文には、第2章で学習したとおり、FROMやWHEREなどいろいろな句で修飾されます。SQL Serverでは、この句の評価順序は次のようになっています。

1　FROM
2　ON
3　JOIN
4　WHERE
5　GROUP BY
6　WITH CUBE または WITH ROLLUP
7　HAVING
8　SELECT
9　DISTINCT
10　ORDER BY

> ON／JOINは第6章、
> HAVINGは第4章で解説しています。

　今までの例ではそれほど長い例文はありませんでしたが、実用的なSQL文にはかなり長くて複雑なものがあります。プログラミング言語を少しかじっている人は、短いSQL文を順番に実行すればあまり長くならずに済むのではないかと考える方もいると思います。しかし、いったん結果をテーブルに書き出すようなことをすると、実行速度が格段に落ちてしまうのがSQL文なのです。そのためSQL文は、複雑で長くなってしまったとしても、求める結果がなるべく少ないクエリで得られるように書くのがセオリーです。
　いつか実用的なSQL文が書けるようになったら、ここで紹介した順序を確認し直してみてください。

4

関数

魔法のブラックボックス

　この章では、**関数**について学んでいきます。関数というと、数学の関数を想像する人も多いかもしれませんが、SQL でいう関数とは"処理の集まり"のことを指します。
　関数は基本的に次のように記述します。

```
関数名（引数）
```

　引数(ひきすう)とは、処理に必要な材料のことです。中には引数を必要としない関数もありますが、基本的には関数とは「引数を受けて処理した結果を吐き出すもの」とイメージすればよいでしょう。吐き出された結果のことは、**戻り値（返り値）**といいます。
　関数を利用することで、面倒な処理を記述することなく、いろいろな機能を実現できます。いってみれば、関数は、たいへん便利な魔法のブラックボックスなのです。
　関数という言葉にとっつきにくいイメージや、苦手意識を持っている人も、これで少しは興味が湧いてきたでしょうか。

RDBMS 固有の関数

　SQLの関数には、その働きによって数値関数、文字列関数、日付関数、集約関数、変換関数などがあります。小数点を切り上げたり、列の平均値を算出したり、文字列に含まれる文字数を調べたりなど、さまざまな関数がありますが、関数の使用で注意しなくてはならないのが、RDBMSごとの固有関数の存在です。同じ働きをする関数でも、RDBMSによって関数名が異なったり、利用できないなどの制限があったりします。本書ではできる限りRDBMSごとの解説を心がけていますが、紹介しきれない部分もありますのでご了承ください。

　また、本書で紹介しているのはごく一部の関数であり、SQLにはほかにもまだまだ多くの関数があります。必要に応じて、その他の関数も勉強してみるとよいでしょう。

ここが Key!　**59**

この章で使うテーブル

この章の例では次のテーブルを使います。必要に応じてテーブルを作成してください。

tbl_snum

```
USE db_ehon;
CREATE TABLE tbl_snum (
       atai FLOAT);
INSERT INTO tbl_snum (atai) VALUES (1.248);
INSERT INTO tbl_snum (atai) VALUES (29.5);
INSERT INTO tbl_snum (atai) VALUES (105.05);
```

tbl_stdname

```
USE db_ehon;
CREATE TABLE tbl_stdname (
       sname VARCHAR(20),
       fname VARCHAR(20));
INSERT INTO tbl_stdname (sname,fname) VALUES ('AIZAWA', 'namiko');
INSERT INTO tbl_stdname (sname,fname) VALUES ('YAMAMOTO', 'tatsuki');
INSERT INTO tbl_stdname (sname,fname) VALUES ('SAWAGUCHI', 'aki');
INSERT INTO tbl_stdname (sname,fname) VALUES ('KOBAYASHI', 'maiko');
```

tbl_pet

```
USE db_ehon;
CREATE TABLE tbl_pet (
       pname VARCHAR(20));
INSERT INTO tbl_pet (pname) VALUES ('   CHIBI   ');
INSERT INTO tbl_pet (pname) VALUES ('   ALEX   ');
INSERT INTO tbl_pet (pname) VALUES ('   RAN   ');
INSERT INTO tbl_pet (pname) VALUES ('   SHAM   ');
```

tbl_datelist

```
USE db_ehon;
CREATE TABLE tbl_datelist (
        no INT,
        date1 DATETIME,
        date2 DATETIME);
INSERT INTO tbl_datelist (no, date1, date2)
        VALUES (1,'2018-04-13','2018-07-03');
INSERT INTO tbl_datelist (no, date1, date2)
        VALUES (2,'2018-10-11','2019-01-24');
```

tbl_game

```
USE db_ehon;
CREATE TABLE tbl_game (
        name VARCHAR(20),
        score INT);
INSERT INTO tbl_game (name, score) VALUES ('koba', 125);
INSERT INTO tbl_game (name, score) VALUES ('tone', 140);
INSERT INTO tbl_game (name, score) VALUES ('takane', 110);
INSERT INTO tbl_game (name, score) VALUES ('koba', 75);
INSERT INTO tbl_game (name, score) VALUES ('takane', 160);
INSERT INTO tbl_game (name, score) VALUES ('tone', 98);
INSERT INTO tbl_game (name, score) VALUES ('takane', 90);
INSERT INTO tbl_game (name, score) VALUES ('koba', 64);
INSERT INTO tbl_game (name, score) VALUES ('tone', 105);
```

tbl_schedule

```
USE db_ehon;
CREATE TABLE tbl_schedule (
        time VARCHAR(30));
INSERT INTO tbl_schedule(time) VALUES ('12 29 2003 8:50AM');
INSERT INTO tbl_schedule(time) VALUES ('02 06 2004 12:46AM');
INSERT INTO tbl_schedule(time) VALUES ('06 30 2005 1:29PM');
```

月、日、年、時間は、それぞれ半角スペースで区切ります。

関数とは

SQL の関数は、数学でなじみのある関数とは少し意味合いが違います。

関数とは

関数とは、データを使って何らかの処理をし、その結果を返す仕組みのことです。処理の種類によって、ユーザーが値を与える必要があるものと、そうでないものがあります。

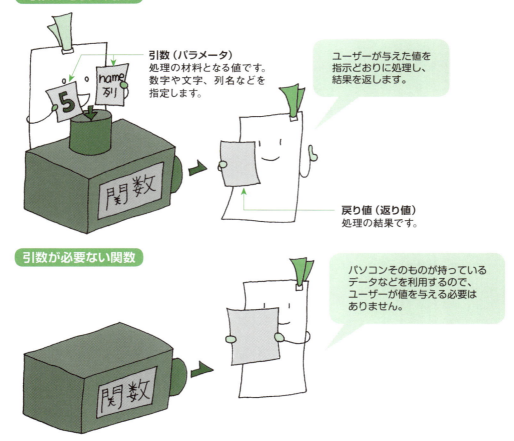

SQL にはさまざまな関数が用意されていますが、ユーザーが独自の関数を作ることもできます。本書では、あらかじめ用意されている関数の使い方を紹介します。

引数が必要な関数の種類

引数が必要な関数には、大きく分けて次の2種類があります。

≫ 単一行関数

各行に対して処理を行い、行単位で結果を返します。引数には、列名または実際の値を指定します。

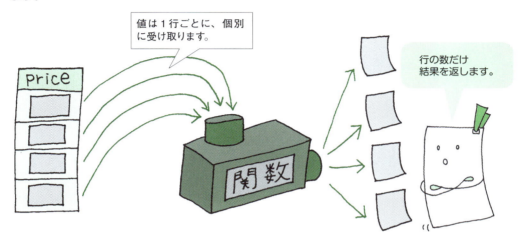

≫ グループ関数

複数の行を1グループとして処理を行い、1つの結果を返します。引数には列名を指定します。

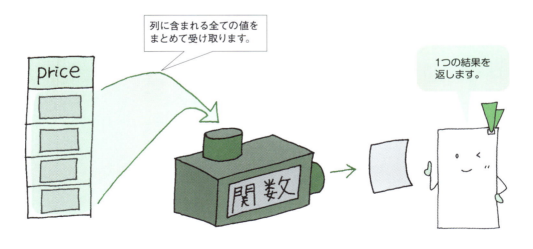

関数とは 63

数値関数（1）

数値を扱う数値関数を紹介します。はじめに登場するのは、小数点以下の切り上げ、切り捨てを行う CEILING 関数と FLOOR 関数です。

数値関数

数値関数とは、数学的な処理を行う関数です。数値はもちろん、数値の入った列の列名なども引数として指定できます。

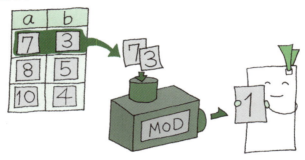

CEILING 関数、CEIL 関数

CEILING 関数と **CEIL** 関数は、引数以上で最も小さい整数値を返します。つまり、引数が実数だった場合は、その小数点以下を切り上げた値を返します。SQL Server や MySQL では **CEILING** 関数を、Oracle や PostgreSQL では **CEIL** 関数を使います。

```
CEILING(55.44)
```

数値または数値型の列名を指定します。

もしも引数が整数値なら、引数＝戻り値となります。

FLOOR 関数

FLOOR 関数は、引数以下で最も大きい整数値を返します。つまり、引数が実数だった場合は、その小数点以下を切り捨てた値を返します。SQL Server、Oracle、MySQL、PostgreSQL で使えます。

FLOOR(2.58)

数値または数値型の列名を指定します。

天井（CEILING）と床（FLOOR）という相対する名前を持つ2つの関数は、その働きも正反対です。

例

60ページを参考に、tbl_snum を用意しましょう。

```
USE db_ehon;
SELECT atai, CEILING(atai) AS kekka1,
        FLOOR(atai) AS kekka2 FROM tbl_snum;
GO
```

実行結果

atai	kekka1	kekka2
1.248	2	1
29.5	30	29
105.05	106	105

CEILING 関数の結果

FLOOR 関数の結果

数値関数（1） 65

数値関数（2）

引き続き、主な数値関数を紹介します。

🔓 RAND 関数

RAND 関数は、0 以上 1.0 未満の範囲の乱数を取得する関数です。SQL Server、MySQL で利用できます。

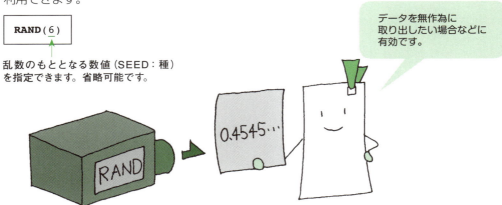

RAND(6)

乱数のもととなる数値（SEED：種）を指定できます。省略可能です。

データを無作為に取り出したい場合などに有効です。

引数を省略すると、純粋な乱数（処理のたびに違う数字）が得られます。同じ戻り値を得たいときは、( ) 内に数値を指定します。

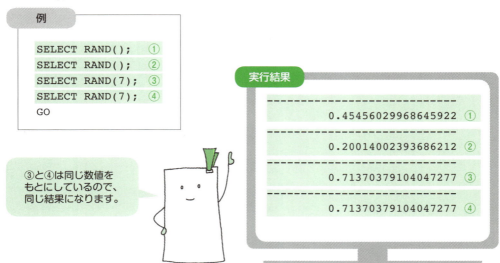

例
```
SELECT RAND();      ①
SELECT RAND();      ②
SELECT RAND(7);     ③
SELECT RAND(7);     ④
GO
```

実行結果
```
----------------------------
        0.45456029968645922   ①
----------------------------
        0.20014002393686212   ②
----------------------------
        0.71370379104047277   ③
----------------------------
        0.71370379104047277   ④
```

③と④は同じ数値をもとにしているので、同じ結果になります。

その他の数値関数

その他の主な数値関数には、次のようなものがあります。

演算子	働き	注意事項
ABS(m)[※1]	m の絶対値を返す	
ROUND(m[, x])[※1※2]	m を小数点以下 x 桁で四捨五入した値を返す	Oracle では【】部分を省略可能
POWER(m, n)[※1]	m を n 乗した数値（べき乗）を返す	MySQL、PostgreSQL では POW 関数
SQRT(m)[※1]	m に対する平方根を返す	
MOD(m, n)[※1]	m を n で割った余りを返す	
SIN(m)[※1]	m に対するサインを返す	
COS(m)[※1]	m に対するコサインを返す	
TAN(m)[※1]	m に対するタンジェントを返す	
EXP(m)[※1]	m の指数値を返す	
LOG([m,]n)[※1]	m を底とした、n の自然対数を返す	【】部分は省略可能(省略時の底は10)（Oracle のみ省略不可）
SIGN(m)[※1]	m の符号を返す	正の場合：1 負の場合：-1 0の場合：0

※1：m、n＝数値または列名です。
※2：x＝桁数です。

≫ 桁数の指定

ROUND 関数などの数値関数で桁数を指定するときは、「処理したい桁数 -1」の整数を指定します。

指定する値	実際の桁数
3	小数点以下 4 桁目
2	小数点以下 3 桁目
1	小数点以下 2 桁目
0	小数点以下 1 桁目
-1	1 の位
-2	10 の位
-3	100 の位

少しややこしいですが、間違えないように注意しましょう。

データベースとは

SQL の基礎

演算子

関数

基本的なデータ操作

複雑なデータ操作

データを守る仕組み

プログラムとの連携

付録

数値関数(2)

文字列関数（1）

次に、文字列を扱う文字列関数を紹介します。ここでは、文字列の長さを調べる関数や、文字列の一部を取り出す関数を紹介します。

🔒 LEN 関数、LENGTH 関数

`LEN` 関数と `LENGTH` 関数は、文字列の文字数を返します。SQL Server では `LEN` 関数を、Oracle や MySQL、PostgreSQL では `LENGTH` 関数を使います。

```
LEN('しおり')
```

文字列または文字列型の列名を指定します。文字列の場合は「'（シングルクォーテーション）」でくくります。

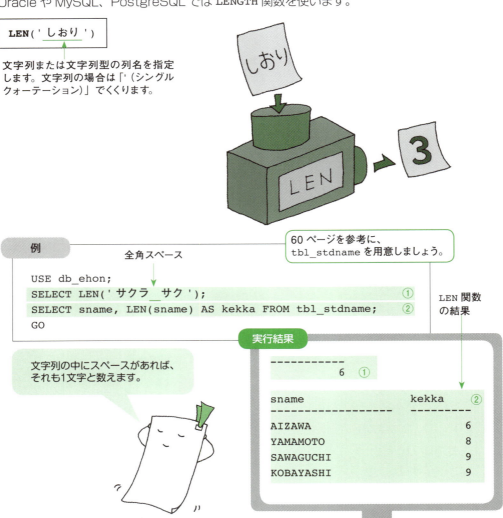

例

全角スペース

60 ページを参考に、`tbl_stdname` を用意しましょう。

```
USE db_ehon;
SELECT LEN('サクラ　サク');                              ①
SELECT sname, LEN(sname) AS kekka FROM tbl_stdname;     ②
GO
```

LEN 関数の結果

文字列の中にスペースがあれば、それも1文字と数えます。

実行結果

```
-----------
          6    ①

sname              kekka        ②
------------------ ---------
AIZAWA                 6
YAMAMOTO               8
SAWAGUCHI              9
KOBAYASHI              9
```

SUBSTRING 関数、SUBSTR 関数

SUBSTRING 関数と SUBSTR 関数は、文字列から指定された部分だけを取り出して返します。Oracle では SUBSTR 関数のみが使えます。

```
SUBSTRING('えほん', 2, 2)
```

- 取り出す元の文字列または文字列型の列名を指定します。
- 文字列の先頭（左端）から数えて何文字目から取り出すかを指定します。
- 何文字取り出すかを指定します。

SUBSTRINGは「部分文字列」という意味です。

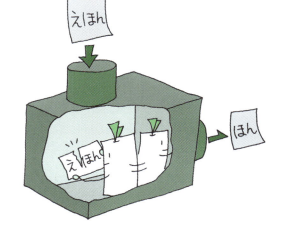

例

60 ページを参考に、tbl_stdname を用意しましょう。

```
USE db_ehon;
SELECT fname, SUBSTRING(fname, 2, 2) AS kekka FROM tbl_stdname;
GO
```

文字列の左から2番目を先頭に、2文字ぶん取り出します。

実行結果

```
fname            kekka
--------------   -------------
namiko           am
tatsuki          at
aki              ki
maiko            ai
```

SUBSTRING 関数の結果

文字列関数(1) 69

文字列関数（2）

ここでは文字列関数のうち、文字列内の空白を削除したり、
大文字と小文字を変換したりする関数を紹介します。

🔒 LTRIM 関数、RTRIM 関数

LTRIM 関数と **RTRIM** 関数は、文字列の先頭や末尾に含まれる空白（スペース）を削除します。

```
LTRIM('   ABC')
```
文字列または文字列型の列名

文字列の先頭（左端）に空白がある場合、それを削除します。

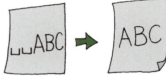

```
RTRIM('ABC   ')
```
文字列または文字列型の列名

文字列の末尾（右端）に空白がある場合、それを削除します。

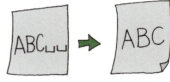

例　　60 ページを参考に、`tbl_pet` を用意しましょう。

> 前後のスペースを一度に削除する「TRIM関数」もありますが、SQL Serverでは利用できません。

```
USE db_ehon;
SELECT '***' + pname + '***'  AS pname,
       '***' + LTRIM(pname) + '***' AS hidari,
       '***' + RTRIM(pname) + '***' AS migi
    FROM tbl_pet;
GO
```

実行結果

```
pname                 hidari              migi
---------------       --------------      --------------
***   CHIBI   ***     ***CHIBI   ***      ***   CHIBI***
***   ALEX    ***     ***ALEX    ***      ***   ALEX***
***   RAN     ***     ***RAN     ***      ***   RAN***
***   SHAM    ***     ***SHAM    ***      ***   SHAM***
```

元データ

RTRIM 関数の結果

LTRIM 関数の結果

70　第 4 章／関数

UPPER 関数、LOWER 関数

UPPER 関数は文字列を大文字に、LOWER 関数は文字列を小文字に変換する関数です。

```
UPPER('sql の絵本')
```
文字列または文字列型の列名

文字列を大文字に変換します。引数が大文字の場合は、何も変わりません。

```
LOWER('SQL の絵本')
```
文字列または文字列型の列名

文字列を小文字に変換します。引数が小文字の場合は、何も変わりません。

例

> 60 ページを参考に、tbl_stdname を用意しましょう。

```
USE db_ehon;
SELECT sname, LOWER(sname) AS komoji FROM tbl_stdname;   ①
SELECT fname, UPPER(fname) AS oomoji FROM tbl_stdname;   ②
GO
```

実行結果

```
sname               komoji          ①
---------------     -------------
AIZAWA              aizawa
YAMAMOTO            yamamoto
SAWAGUCHI           sawaguchi
KOBAYASHI           kobayashi

fname               oomoji          ②
---------------     -------------
namiko              NAMIKO
tatsuki             TATSUKI
aki                 AKI
maiko               MAIKO
```

文字列関数（2） **71**

日付関数（1）

ここでは、日付を扱う関数をいくつか紹介します。

🔓 現在の日時を取得する

現在の日時を得るには、SQL Server では **GETDATE** 関数を使います。Oracle と MySQL では **SYSDATE** 関数を、PostgreSQL では **NOW** 関数をそれぞれ使います。

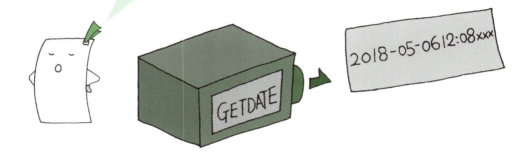

例

```
SELECT GETDATE();
GO
```

RDBMSの動いている
サーバーマシンの、
現在の日時が表示されます。

実行結果
```
2018-03-16 12:08:54.263
```

日付データから、日、月、年を取得する

SQL Server と MySQL では、日付型の値から日、月、年を個別の整数値として取得できる関数が利用できます。

関数名	働き	使い方 → 戻り値
DAY(m)※	日を返す	DAY('2018-3-16') → 16
MONTH(m)※	月を返す	MONTH('2018-3-16') → 3
YEAR(m)※	年を返す	YEAR('2018-3-16') → 2018

※ m＝日付型の値または列名です。

日付値の定数（リテラル）の表し方は、RDBMSによって異なります。

例

```
USE db_ehon;
CREATE TABLE tbl_date (jikoku DATETIME);
GO
INSERT INTO tbl_date (jikoku) VALUES (GETDATE());
SELECT * FROM tbl_date; ①
SELECT DAY(jikoku) FROM tbl_date; ②
GO
```

- SQL Server で日時を扱うためのデータ型です。
- テーブルを作成します。
- GETDATE 関数で、現在の日時を登録します。
- DAY 関数で、日だけを取り出します。

実行結果

```
jikoku
------------------------------         ①
2018-03-16 12:38:31.070


----------                             ②
        16
```

- データを登録したときの現在時刻が表示されます。
- jikoku の日時から、日だけが取り出されます。

日付関数（1）

日付関数(2)

引き続き、日付を扱う関数を紹介します。

日数、時間数を加算する

SQL Serverでは、日付型や時間型の値に日数や時間数を加算する **DATEADD** 関数が利用できます。

▶要素一覧

日付関数では、引数として要素を指定することがあります。主な要素には次のようなものがあります。

要素	SQL Server
年	year、yyyy、yy
四半期	quarter、qq、q
月	month、mm、m
年始からの日数	dayofyear、dy、y
週	week、wk、ww
日	day、dd、d
曜日	weekday、dw
時	hour、hh
分	minute、mi、n
秒	second、ss
ミリ秒	millisecond、ms、s

SQL Serverでは複数の記述方法がありますが、どれも同じ意味です。

日付の差を取得する

SQL Server では、日付型の値どうしの差を得る **DATEDIFF** 関数が利用できます。

```
DATEDIFF(m, '2018-08-16', '2018-12-05')
```

戻り値の単位（要素）を指定します。要素については、左ページの一覧を参照してください。

第 2 引数
日付型の値または列名を指定します。

第 3 引数
日付型の値または列名を指定します。

第 3 引数　　　　　第 2 引数

2018-12-05 − 2018-08-16 = 4 ヵ月

要素

例

61 ページを参考に、`tbl_datelist` を用意しましょう。

```
USE db_ehon;
SELECT DATEADD(m, 6, date1) FROM tbl_datelist WHERE no = 1;     ①
SELECT DATEDIFF(d, date1, date2) FROM tbl_datelist WHERE no = 2; ②
SELECT DATEDIFF(d, GETDATE(), '2019-01-01');  ③
GO
```

③ 2019 年 1 月 1 日からこのクエリを実行した日までの日にちの差を算出します。

実行結果

```
-----------------------
2018-10-13 00:00:00.000    ①
```
元データに 6 ヶ月加算した日時が表示されます。

```
----------
       105                 ②
```
2 つの日時の間の日数が表示されます。

```
----------
      -127                 ③
```
DATEDIFF 関数で、第 2 引数 > 第 3 引数という関係の場合は、負の値が戻ります。

集約関数（1）

1つの列に対して1つの結果を返す、集約関数を紹介します。

主な集約関数

集約関数は、列を1つのまとまりとして捉えて処理を行う関数です。引数には列名を指定します。

» AVG 関数

列に含まれる全ての値（NULL 値を除く）を対象に、その平均値を求めます。

数値型の列名を指定します。

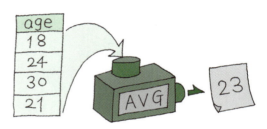

» SUM 関数

列に含まれる全ての値（NULL 値を除く）の合計を求めます。

数値型の列名を指定します。

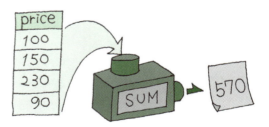

» COUNT 関数

列の行数を求めます。

列名または「*（アスタリスク）」を指定します。
列名なら NULL 値の行を除く全ての行が、
「*」なら NULL 値を含む全ての行が対象となります。

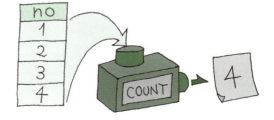

例

61ページを参考に、tbl_game を用意しましょう。

```
USE db_ehon;
SELECT AVG(score) AS average, SUM(score) AS total_score,
       COUNT(name) AS game FROM tbl_game;
GO
```

実行結果

```
average          total_score      game
---------        --------------   ------
      107                   967        9
```

≫重複データを取り除いた行数を求める

指定した列の、重複データを取り除いた行数を求めるには、第2章で紹介した DISTINCT 句を組み合わせます。

```
COUNT(DISTINCT number)
```
列名を指定します。

例

61ページを参考に、tbl_game を用意しましょう。

```
USE db_ehon;
SELECT COUNT(DISTINCT name) AS member FROM tbl_game;
GO
```

実行結果

```
member
-----------------
                3
```

集約関数(1) **77**

集約関数(2)

その他の集約関数や、SELECT 文のオプションと組み合わせた使用方法を紹介します。

🔓 MAX 関数、MIN 関数

MAX 関数は列の中の最大値を、MIN 関数は最小値を求める関数です。

🔓 グループ単位で処理を行う

第 2 章でも紹介したとおり、集約関数と GROUP BY 句を組み合わせると、行をグループ化して、そのグループごとに集計処理を行うことができます。

例

```
USE db_ehon;
SELECT name, MAX(score) AS high, MIN(score) AS low
    FROM tbl_game GROUP BY name;
GO
```

61 ページを参考に、tbl_game を用意しましょう。

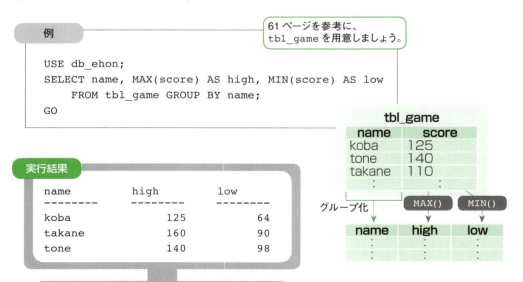

実行結果

```
name            high        low
--------        --------    --------
koba               125         64
takane             160         90
tone               140         98
```

集約関数の結果を条件にしてデータを取り出す

第2章で見たとおり、SELECTで得られた結果から条件に合うデータだけを取り出すには、WHERE句を使いました。一方、GROUP BY句でグルーピングした結果から条件に合うデータだけを取り出すには、**HAVING句**を使います。

```
SELECT price, COUNT(title) FROM tbl_ehon GROUP BY price
HAVING COUNT(title) = 1;
```

集約関数を含む条件を指定できます。

WHERE句は使えません。

例

61ページを参考に tbl_game を用意しましょう。

```
USE db_ehon;
SELECT name, SUM(score) AS over300 FROM tbl_game
     GROUP BY name HAVING (SUM(score) >= 300);
GO
```

scoreの合計が300点以上の人だけを取り出します。

実行結果

```
name                  over300
--------------        ----------
takane                    360
tone                      343
```

変換関数

データ型の変換を行う関数を紹介します。

🔒 CAST 関数

CAST 関数は、データ型の変換を行う関数です。

≫ 数値を文字列に変換する

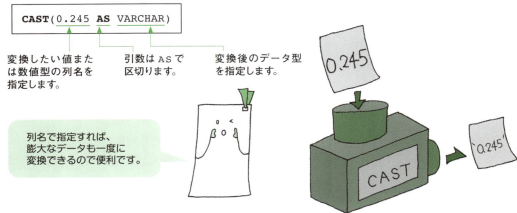

`CAST(0.245 AS VARCHAR)`

- 変換したい値または数値型の列名を指定します。
- 引数は AS で区切ります。
- 変換後のデータ型を指定します。

列名で指定すれば、膨大なデータも一度に変換できるので便利です。

≫ 文字列を日付値に変換する

`CAST('2000-02-02' AS DATETIME)`

- 変換したい文字列または文字列型の列名を指定します。
- 引数は AS で区切ります。
- 変換後のデータ型を指定します。

この結果は、2000-02-02 00:00:00.000になります。

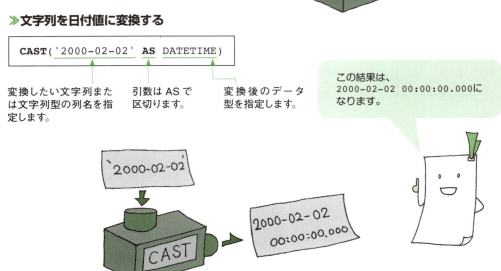

80　第4章／関数

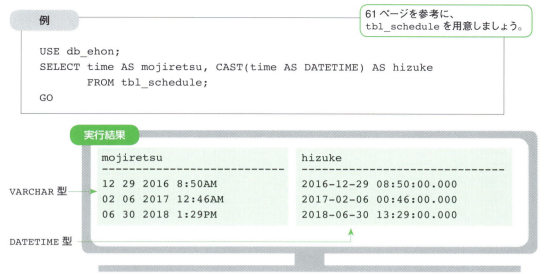

Oracle では、CAST 関数のほかに、**TO_CHAR** 関数（文字列型に変換）、**TO_NUMBER** 関数（数値型に変換）、**TO_DATE** 関数（日付型に変換）などデータ型に特化した関数も利用できます。また、SQL Server では、CAST 関数と同じ働きを持つ **CONVERT** 関数も利用できます。

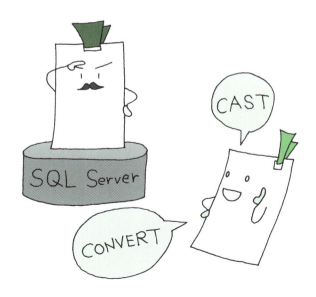

COLUMN
～RDBMS 固有の関数～

　第 4 章では、関数の中でも比較的多くの RDBMS で共通して利用できるものを中心に紹介してきました。ここでは、本編では紹介しなかった RDBMS 固有の関数を紹介します。

◎ DATENAME 関数
　SQL Server では、日付要素を文字列として取り出す DATENAME 関数が利用できます。たとえば、第 1 引数に weekday と指定すると、指定した日付値の曜日を得られます。

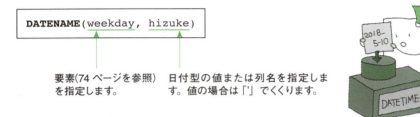

◎ LAST_DAY 関数
　Oracle と MySQL では、指定した日付の属する月の最終日を返す LAST_DAY 関数が利用できます。次のように記述します。

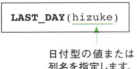

◎ POSITION 関数
　MySQL と PostgreSQL では、文字列の中から特定の文字列を探してその開始位置を返す POSITION 関数が利用できます。文字列が見付かった場合は先頭からの文字数で返し、見付からない場合は 0 を返します。次のように記述します。

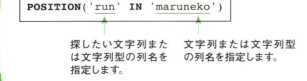

S データで遊ぼう

　これまでは「データを登録して、取り出す」という基本的な操作のみを紹介してきました。この第5章では、データの更新や削除など、もう少しだけ踏み込んだ操作について紹介します。

　既存のデータを更新するには UPDATE 文を、削除するには DELETE 文を使います。それぞれの詳しい働きについては、各項目に用意されている例題を実行し、実際に体験してみれば理解できるでしょう。これまでよりももっと、データベースを操作しているという感覚を実感できるはずです。前の章で利用したテーブルを使っていろいろと試してみるのもいいですね。

　また、第2章で登場した INSERT 文の便利な使い方についても紹介します。これまで、INSERT 文を使ってデータを登録するときは、値を1つ1つ入力していました。しかし、すでにある別のテーブルの値を元にして登録できる便利な方法があります。INSERT 文に SELECT 文を組み合わせて、既存のテーブルにあるデータをごっそりほかのテーブルに移動できるのです。ただし、移動元と移動先の列のデータ型が同じであることが大前提ですので、気を付けてくださいね。

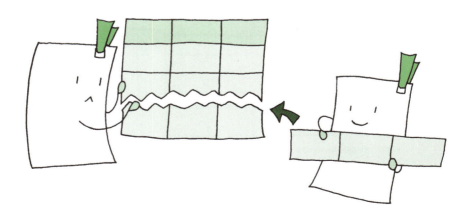

サブクエリって何だろう？

　ところで、すでにおなじみの SELECT 文ですが、実はこの SELECT 文の中にもう 1 つ SELECT 文を書くことができます。SELECT 文の中に入れ子になった SELECT 文を**サブクエリ**といい、それに対して、外側にある SELECT 文は**メインクエリ**とも呼ばれます。SELECT 文の中に SELECT 文があるなんて、何だかややこしいかもしれませんが、「サブクエリ（内側の SELECT 文）で取り出した結果を基に、メインクエリ（外側の SELECT 文）が実行される」といえば、少しはイメージが湧いてくるでしょうか。

　サブクエリを使うと、通常 1 つのクエリでは取り出せないような複雑な条件を付けてデータを取り出せます。「難しそうだな」と思う前に、実際に例題を試してみてください。きっと、その便利さがわかると思います。

　いよいよ折り返し地点に到着です。この章はデータ操作を中心に話を進めていくので、実際に手を動かしながら、楽しく読み進めていきましょう。

ここが Key! 85

この章で使うテーブル

この章の例では次のテーブルを使います。必要に応じてテーブルを作成してください。

tbl_subjects

```
USE db_ehon;
CREATE TABLE tbl_subjects (
        id INT PRIMARY KEY,
        name VARCHAR(20),
        math INT,
        english INT);
```

tbl_employee

```
USE db_ehon;
CREATE TABLE tbl_employee (
        section VARCHAR(10),
        name VARCHAR(10));
INSERT INTO tbl_employee (section,  name) VALUES ('総務部','高尾');
INSERT INTO tbl_employee (section,  name) VALUES ('人事部','宮坂');
INSERT INTO tbl_employee (section,  name) VALUES ('経理部','船山');
INSERT INTO tbl_employee (section,  name) VALUES ('人事部','村松');
INSERT INTO tbl_employee (section,  name) VALUES ('社長室','石川');
INSERT INTO tbl_employee (section,  name) VALUES ('経理部','西島');
INSERT INTO tbl_employee (section,  name) VALUES ('人事部','牟田');
```

tbl_jinji

```
USE db_ehon;
CREATE TABLE tbl_jinji(
        name VARCHAR(10));
```

tbl_shopping

```
USE db_ehon;
CREATE TABLE tbl_shopping (
        priority INT,
        material VARCHAR(20),
        num INT);
INSERT INTO tbl_shopping VALUES (1,'のこぎり',1);
INSERT INTO tbl_shopping VALUES (2,'くぎ',30);
INSERT INTO tbl_shopping VALUES (3,'紙やすり',5);
INSERT INTO tbl_shopping VALUES (4,'ベニヤ板',1);
```

tbl_title

```
USE db_ehon;
CREATE TABLE tbl_title (
        code INT PRIMARY KEY,
        title VARCHAR(40));
INSERT INTO tbl_title VALUES (1111,'しおりとシオリ');
INSERT INTO tbl_title VALUES (2222,'しおりをめぐる冒険');
INSERT INTO tbl_title VALUES (3333,'SQLをわしづかみ');
```

86　第5章／基本的なデータ操作

tbl_novel

```
USE db_ehon;
CREATE TABLE tbl_novel (
        code INT PRIMARY KEY,
        title VARCHAR(40),
        price INT);
INSERT INTO tbl_novel VALUES (1111,'しおりとシオリ', 580);
INSERT INTO tbl_novel VALUES (2222,'しおりをめぐる冒険', 680);
INSERT INTO tbl_novel VALUES (3333,'SQLをわしづかみ', 430);
INSERT INTO tbl_novel VALUES (4444,'しおりパパの贈り物', 980);
```

tbl_results

```
USE db_ehon;
CREATE TABLE tbl_results (
        id INT PRIMARY KEY,
        team VARCHAR(1),
        name VARCHAR(10),
        point1 INT,
        point2 INT);
INSERT INTO tbl_results VALUES (1,'C','沢田', 120, 105);
INSERT INTO tbl_results VALUES (2,'A','山本', 150, 130);
INSERT INTO tbl_results VALUES (3,'B','田代', 105, 98);
INSERT INTO tbl_results VALUES (4,'A','藤田', 170, 153);
INSERT INTO tbl_results VALUES (5,'C','佐藤', 147, 151);
INSERT INTO tbl_results VALUES (6,'B','長島', 130, 125);
```

tbl_advance

```
USE db_ehon;
CREATE TABLE tbl_advance (
        no INT PRIMARY KEY,
        team VARCHAR(1),
        name VARCHAR(10),
        point1 INT,
        point2 INT);
```

tbl_allowance

```
USE db_ehon;
CREATE TABLE tbl_allowance (
        no INT PRIMARY KEY,
        name VARCHAR(10),
        overtime INT,
        travel INT,
        total INT);
INSERT INTO tbl_allowance VALUES (1,'高根沢', 35000, 18000, NULL);
INSERT INTO tbl_allowance VALUES (2,'藤本', 45000, 23600, NULL);
INSERT INTO tbl_allowance VALUES (3,'土谷', 56000, 32000, NULL);
INSERT INTO tbl_allowance VALUES (4,'小林', 21000, 14500, NULL);
```

INSERT 文 (1)

第 2 章では基本的な INSERT 文の使い方を説明しました。
ここでは、INSERT 文の応用を見てみましょう。

🔓 列名を省略して登録する

INSERT 文は、列名を省略してデータを登録することもできます。省略する場合は、テーブルを作成したときに定義した列順を意識して、データを列挙します。

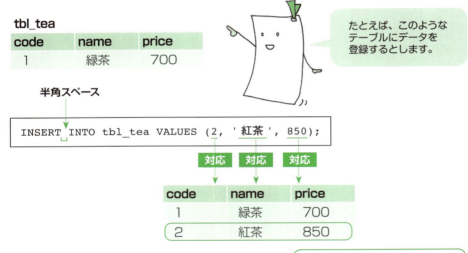

例

> 86 ページを参考に、
> tbl_subjects を用意しましょう。

```
USE db_ehon;
INSERT INTO tbl_subjects VALUES (1, '佐藤', 76, 98);
INSERT INTO tbl_subjects VALUES (2, '山崎', 90, 74);
SELECT * FROM tbl_subjects;
GO
```

列順を間違えて
型の異なるデータを
登録しようとすると、
エラーになるので
注意しましょう。

実行結果

```
id              name         math        english
--------------- ------------ ----------- -----------
              1 佐藤                  76          98
              2 山崎                  90          74
```

88　第 5 章／基本的なデータ操作

特定の列にのみ値を登録する

特定の列だけにデータを登録することもできます。データを登録しない列には、テーブルを作成したときに設定した制約に基づいた値が入ります（制約については 18 ページを参照してください）。

```
INSERT INTO tbl_tea (name, code) VALUES('ほうじ茶', 3);
```

code	name	price
1	緑茶	700
2	紅茶	850
3	ほうじ茶	NULL

制約を設定していない列に値を指定しないと、NULL 値が挿入されます。

例

86 ページを参考に、tbl_subjects を用意しましょう。

```
USE db_ehon;
INSERT INTO tbl_subjects (id, name, math) VALUES (3, '小林', 75);
INSERT INTO tbl_subjects (id, name, english) VALUES (4, '西島', 100);
SELECT * FROM tbl_subjects;
GO
```

値を指定しなかった列にはNULL値が入ります。

実行結果

```
id              name            math        english
--------------  --------------  ----------  ----------
            3   小林                    75        NULL
            4   西島                  NULL         100
```

※すでに左ページの例題を実行している場合は、左ページの登録内容もあわせて表示されます。

INSERT 文(1) **89**

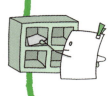

INSERT 文 (2)

SELECT 文を使って取り出したデータを、INSERT 文を使って
別のテーブルに登録してみましょう。

SELECT 文の結果を登録する

SELECT 文を使って、INSERT 文で登録するデータを指定できます。たとえば、既存のテーブルのデータを別のテーブルのデータとして登録したいときに便利です。

```
INSERT INTO tbl_petlist (id, name) SELECT no, name FROM tbl_cat;
```

既存のテーブルと列名を指定します。

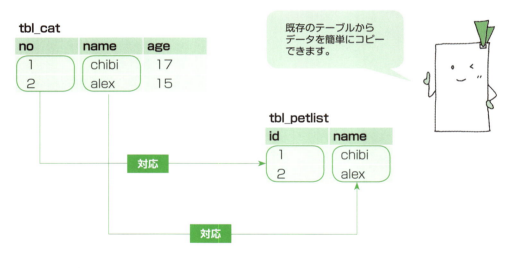

既存のテーブルからデータを簡単にコピーできます。

対応する列のデータ型は同じでないと、エラーになります。

例

> 86ページを参考に、
> `tbl_employee`と`tbl_jinji`を用意しましょう。

```
USE db_ehon;
INSERT INTO tbl_jinji (name) SELECT name FROM tbl_employee
       WHERE section = '人事部';
SELECT * FROM tbl_jinji;
GO
```

実行結果

```
name
-----------
    宮坂
    村松
    牟田
```

社員一覧から、人事部に所属する社員だけを取り出し、人事部のテーブルに登録します。

INSERT文(2)

UPDATE 文

登録されている値の更新を行うには、UPDATE 文を使います。

1つの値を更新する

UPDATE 文を使うと、テーブルに登録されている値を更新できます。

tbl_lunch

code	menu	price
1	日替わりランチ	800
2	カレーライス	730
3	ナポリタン	750

カレーライスの価格を更新してみます。

code 列の値が 2 の行の price 列の値を 760 にするには、次のように記述します。

```
UPDATE tbl_lunch SET price = 760 WHERE code = 2;
```

- テーブル名
- 更新内容: 更新する列名と新しい値を「=」で結びます。
- 条件: 更新する行を指定します。

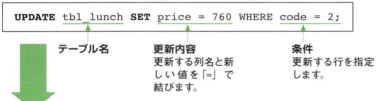

code	menu	price
1	日替わりランチ	800
2	カレーライス	760
3	ナポリタン	750

カレーライスの価格が更新されました。

WHERE 句を使って行を特定しないと、全ての行の値が更新されてしまうので注意しましょう。

複数の値を更新する

複数の列の値を更新するには、更新内容を「,（カンマ）」で区切って列挙します。

> 86ページを参考に、tbl_shopping を用意しましょう。

例

```
USE db_ehon;
UPDATE tbl_shopping SET material = '糸のこぎり', num = 2
    WHERE priority = 1;
UPDATE tbl_shopping SET num = 10 WHERE priority >= 3;
SELECT * FROM tbl_shopping;
GO
```

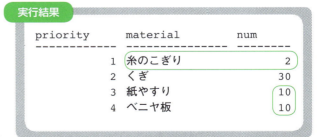

DELETE 文

DELETE 文を使うと、登録されているデータを削除できます。

🔒 条件と一致したデータを削除する

テーブルに登録されているデータを削除するには、**DELETE 文**を使います。その際、WHERE 句を使って削除する行を指定します。

tbl_tel

no	name	phone
1	花田	〇〇-〇〇〇〇-〇〇〇〇
2	山田	△△-△△△△-△△△△

```
DELETE FROM tbl_tel WHERE name = '花田';
```

テーブル名

条件
削除するデータを指定します。

ここでいう「データ」は、1行まるごとを指します。

⬇

no	name	phone
2	山田	△△-△△△△-△△△△

例

86 ページを参考に、`tbl_title` を用意しましょう。

```
USE db_ehon;
DELETE FROM tbl_title WHERE code = 2222;
SELECT * FROM tbl_title;
GO
```

tbl_title 元データ

code	title
1111	しおりとシオリ
2222	しおりをめぐる冒険
3333	SQL をわしづかみ

実行結果

```
code          title
------------  --------------------
        1111  しおりとシオリ
        3333  SQL をわしづかみ
```

全てのデータを削除する

WHERE 句を使って行を特定しないと、全ての行が削除されます。

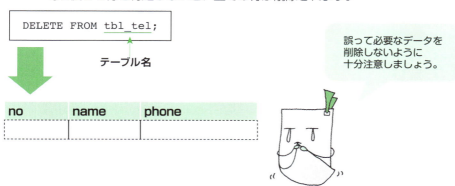

誤って必要なデータを
削除しないように
十分注意しましょう。

例

86 ページを参考に、
tbl_title を用意しましょう。

```
USE db_ehon;
DELETE FROM tbl_title;
SELECT * FROM tbl_title;
GO
```

実行結果

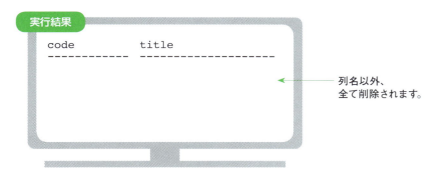

列名以外、
全て削除されます。

※ 一度削除したら元には戻せません。

サブクエリ（1）

SELECT 文の中に SELECT 文を書けます。外側に書いた SELECT 文をメインクエリ、内側に書いた SELECT 文をサブクエリといいます。

サブクエリ

SELECT 文の抽出条件として、SELECT 文を使えます。このように入れ子（ネスト）になった SELECT 文を、**サブクエリ（副問い合わせ）**といいます。通常の問い合わせと、サブクエリを使った問い合わせを比較してみましょう。

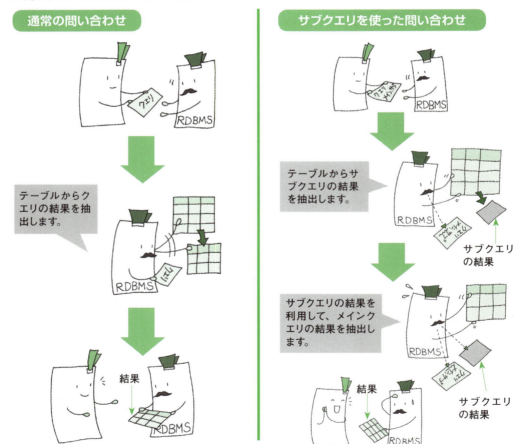

サブクエリを使うと、より複雑な条件付けをして、データを取り出せます。次のページからは、サブクエリの具体的な使い方を見ていきましょう。

WHERE 句でサブクエリを使用する

WHERE 句の中でサブクエリを使用できます。次のように記述します。

上記の SQL 文を参考に処理の流れを表すと、次のようなイメージになります。

例

```
USE db_ehon;
SELECT * FROM tbl_novel
      WHERE price > (SELECT AVG(price) FROM tbl_novel);
GO
```

87 ページを参考に、`tbl_novel` を用意しましょう。

price 列の値が平均よりも高いデータを抽出します。

実行結果

```
code         title                           price
------------ ------------------------------- ------------
        2222 しおりをめぐる冒険                       680
        4444 しおりパパの贈り物                       980
```

サブクエリ(2)

HAVING 句や FROM 句の中にも、サブクエリを記述できます。

🔓 HAVING 句でサブクエリを使用する

HAVING 句の中でサブクエリを使用する場合は、次のようにします。

```
                 ┌─ この結果を基に実行 ─┐
SELECT code, MIN(arrival) FROM tbl_stock GROUP BY code
       HAVING MIN(arrival) < (SELECT AVG(shipment) FROM tbl_stock);
```
メインクエリ (主問い合わせ)　　　　　　サブクエリ (副問い合わせ)

① サブクエリを実行
shipment 列の平均値を算出します。

AVG(shipment) は22です。

tbl_stock

code	arrival	shipment
11	20	17
12	30	23
11	48	36
12	34	12

② メインクエリを実行
code 列を基準にグループ化し、arrival 列のグループ最低値がサブクエリの結果よりも小さいデータを抽出、表示します。

tbl_stock

code	
11	20

例

87 ページを参考に、tbl_results を用意しましょう。

```
USE db_ehon;
SELECT team, MIN(point2) AS lowest FROM tbl_results GROUP BY team
      HAVING MAX(point2) >= (SELECT AVG(point1) FROM tbl_results);
GO
```

サブクエリ
point1 列の値の平均値を算出

⬇

メインクエリ
point2 列のグループ最高値がサブクエリの結果よりも高いグループの最低値とチーム名を表示

実行結果
```
team          lowest
------------  -------------
A                      130
C                      105
```

FROM句でサブクエリを使用する

RDBMSによっては、FROM句の中にサブクエリを書くこともできます。FROM句内に書いたサブクエリの結果はビュー（118ページ参照）のような扱いになるため、**インラインビュー**ともいいます。

```
                      ┌─ この結果を基に実行 ─┐
SELECT MIN(price) FROM
        (SELECT * FROM tbl_cake WHERE price >= 250) AS c_price;
```

メインクエリ（主問い合わせ）　サブクエリ（副問い合わせ）

SQL Serverでは、インラインビューにASで名前を付けないとエラーになります。

① サブクエリを実行
price列の値が250以上のデータを抽出し、それにc_priceという仮の名前を付けます。

tbl_cake

name	price
シフォン	230
モンブラン	300
抹茶プリン	180
レアチーズ	250

c_price

name	price
モンブラン	300
レアチーズ	250

② メインクエリを実行
c_priceから、price列の最小値を表示します。

```
250
```

例

87ページを参考に、tbl_resultsを用意しましょう。

```
USE db_ehon;
SELECT MAX(point_avg) AS max_avg
        FROM (SELECT AVG(point1 + point2) AS point_avg
                    FROM tbl_results GROUP BY team) AS p_avg;
GO
```

実行結果

```
max_avg
-----------------
            301
```

グループ別にトータルポイントの平均値を算出し、その中で最も高い平均値を表示します。

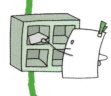

サブクエリ応用編

サブクエリを使って、データを登録、更新、削除する方法を見ていきましょう。

🔒 サブクエリの応用

サブクエリの結果は、INSERT 文、UPDATE 文、DELETE 文に利用することもできます。

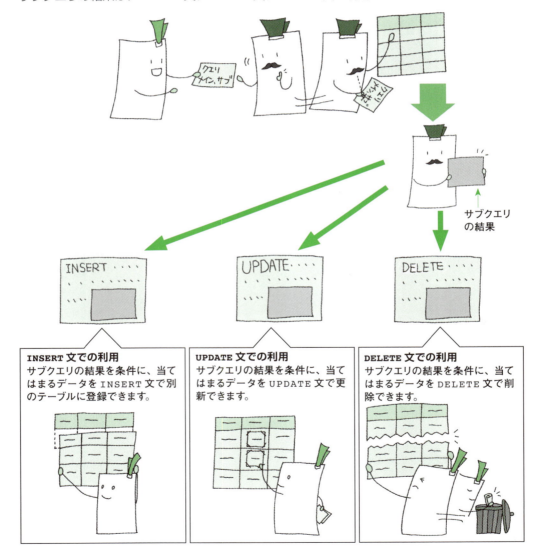

INSERT 文での利用
サブクエリの結果を条件に、当てはまるデータを INSERT 文で別のテーブルに登録できます。

UPDATE 文での利用
サブクエリの結果を条件に、当てはまるデータを UPDATE 文で更新できます。

DELETE 文での利用
サブクエリの結果を条件に、当てはまるデータを DELETE 文で削除できます。

例

> 87 ページを参考に
> `tbl_results`、`tbl_advance`、`tbl_allowance` を用意しましょう。

```
USE db_ehon;
INSERT INTO tbl_advance SELECT * FROM tbl_results
       WHERE point1 + point2 > (SELECT AVG(point1 + point2) FROM    ①
       tbl_results);
UPDATE tbl_allowance SET total = (overtime + travel)
       WHERE overtime + travel < (SELECT MAX(overtime) FROM         ②
       tbl_allowance);
DELETE FROM tbl_allowance WHERE travel > (SELECT AVG(travel)        ③
       FROM tbl_allowance WHERE overtime >= 40000);

GO
SELECT * FROM tbl_advance;
SELECT * FROM tbl_allowance;
GO
```

実行結果

no	team	name	point1	point2 ①
2	A	山本	150	130
4	A	藤田	170	153
5	C	佐藤	147	151

no	name	overtime	travel	total ②③
1	高根沢	35000	18000	53000
2	藤本	45000	23600	NULL
4	小林	21000	14500	35500

① サブクエリ　：tbl_results テーブルで point1 列と point2 列の合計の平均値を算出します。
　メインクエリ：point1 と point2 の合計がサブクエリの結果よりも大きいデータのみを tbl_advance に
　　　　　　　　INSERT します。

② サブクエリ　：tbl_allowance テーブルで、overtime 列の最大値を算出します。
　メインクエリ：overtime 列と travel 列の合計値がサブクエリの結果よりも小さいデータのみ、total 列に
　　　　　　　　overtime 列と travel 列の合計値を UPDATE します。

③ サブクエリ　：tbl_allowance テーブルで overtime 列の値が 40000 以上のデータの、travel 列の値の
　　　　　　　　平均を算出します。
　メインクエリ：travel 列の値がサブクエリの結果よりも大きいデータを DELETE します。

サブクエリ応用編　**101**

COLUMN

～相関サブクエリ～

　これまで紹介したサブクエリでは、サブクエリの単体の結果は 1 つでした。相関サブクエリでは、取り出し元のテーブルの各行に対して違う結果が返ります。また、通常のサブクエリは単独で実行できますが、相関サブクエリは単独では実行できません。

　たとえば、A クラスと B クラスのデータがある `tbl_bowling` テーブルから、`score1` のクラスごとの平均値より `score2` の値が小さいデータを取り出したいとします。通常のサブクエリでは、`score1` 全体の平均値より `score2` の値が小さいデータは取り出せます。しかし、「クラスごとの」という条件の場合だと、A クラスの平均値、B クラスの平均値ごとに比較しなければならないため、1 度で結果を取り出すことはできません。相関サブクエリを使えば、1 つのクエリで目的のデータを取り出せます。

　ここで、相関サブクエリを使って、例にしたデータを取り出してみましょう。

```
SELECT * FROM tbl_bowling AS bl1
        WHERE score2 < (SELECT AVG(score1) FROM tbl_bowling
                                  WHERE class = bl1.class);
```

上のクエリを解説すると、次のようになります。

1. サブクエリの結果と比較するために `tbl_bowling` テーブルに「`bl1`」という別名を付けます。

   「`bl1`」という別名を付けておきます。

   ```
   SELECT * FROM tbl_bowling AS bl1 WHERE score2 < (サブクエリ);
   ```
   メインクエリ

2. サブクエリでは、メインクエリの該当する行のクラスと同じクラスの、`score1` の平均値を取り出します。

   メインクエリの該当する行のクラス

   ```
   SELECT AVG(score1) FROM tbl_bowling WHERE class = bl1.class
   ```
   サブクエリ

3. 2 で取り出した値と、`tbl_bowling` テーブルの元の値を比較します。これは、サブクエリの WHERE 句の指定によって比較されます。`tbl_bowling` テーブルには、A クラスと B クラスの 2 つが存在するので、A クラスのデータの場合、A クラスの `score1` の平均値と `score2` を比較して、B クラスのデータの場合、B クラスの `score1` の平均値と `score2` を比較します。

4. `score1` のクラスごとの平均値より `score2` の値が小さいデータを、結果として取り出します。

6

複雑なデータ操作

第6章はここがKey

複数テーブルを操作する

　これまでは、1つのテーブルに対する操作のみを行ってきましたが、第6章では、いよいよテーブルどうしを連携させた操作に取りかかります。

　まず登場するのが、**結合**です。結合とは、その名のとおり、複数のテーブルやビューを連結する仕組みのことです。ただし、ひと口に「結合」といっても、その連結の仕方によって3種類あります。双方の全ての行を組み合わせる**交差結合**、指定した列どうしの値が一致したデータのみを取り出す**内部結合**、一致しなかったデータも取り出す**外部結合**です。しかも外部結合には、**左外部結合**、**右外部結合**、**全外部結合**の3種類があるため、ここでは合計5種類の結合を勉強します。それぞれの結合の性質を覚えて、どんなときにはどんな結合を行うとよいのか、考えながら読み進めていくとよいでしょう。

　また、この章では、第1章でほんの少しだけ登場した**ビュー**について詳しく紹介します。ビューとは、既存のテーブルから必要な部分を欲しい形で取り出した仮想的な表のことです。あくまで、"仮想的な"存在ですので、実際のデータは元になっているテーブルにあります。必要な要素だけを都合良く映してくれる鏡のようなもの、と思えばいいでしょう。よく使うSELECT文があれば、それをビューとして保存しておくことで簡単に呼び出せるようになります。

集合演算子や限定述語を使う

　続いて、SELECT 文の結果どうしで加減算などをさせる**集合演算子**の登場です。SELECT 文の結果どうしを加算する **UNION** と **UNION ALL**、積算する **INTERSECT**、減算する **EXCEPT**（または **MINUS**）などを紹介します。これらを使うと、たとえば、2つの SELECT 文の結果に共通するデータのみを取り出したり、逆に共通するデータを除いて取り出したりできます。

　さらに、サブクエリが返す値を比較の材料として使いたいときに利用する**限定述語**も紹介します。このあたりになると、クエリが少し複雑になってきます。前章でサブクエリの仕組みをよく理解してから、英語の長文を訳すつもりで見ていきましょう。

　この章からは、複数のテーブルをまたいだ操作が登場するので、クエリもこれまでよりも少し長めになります。難しそうだと思うかもしれませんが、皆さんが実際に SQL を使うときには、このように複数のテーブルを利用した操作も多くあるでしょう。しり込みせずにじっくりと読んでみてください。

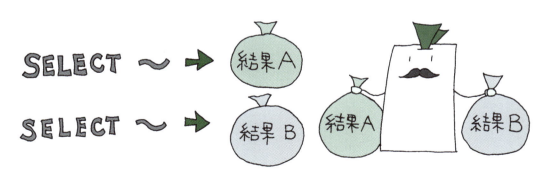

この章で使うテーブル

この章の例では次のテーブルを使います。必要に応じてテーブルを作成してください。

tbl_namelist

```
USE db_ehon;
CREATE TABLE tbl_namelist (
       no INT,
       name VARCHAR(10));
INSERT INTO tbl_namelist VALUES (1, '山田');
INSERT INTO tbl_namelist VALUES (2, '矢内');
INSERT INTO tbl_namelist VALUES (3, '市橋');
```

tbl_grades

```
USE db_ehon;
CREATE TABLE tbl_grades (
       no INT,
       history INT,
       science INT);
INSERT INTO tbl_grades VALUES (1,78,65);
INSERT INTO tbl_grades VALUES (2,81,93);
```

tbl_race

```
USE db_ehon;
CREATE TABLE tbl_race (
       no INT,
       team VARCHAR(20),
       result INT);
INSERT INTO tbl_race VALUES (92,'team9292', 1);
INSERT INTO tbl_race VALUES (10,'nonstop', 3);
INSERT INTO tbl_race VALUES (46,'v-rossi', 4);
INSERT INTO tbl_race VALUES (74,'daichan', 5);
INSERT INTO tbl_race VALUES (19,'senpai', 6);
INSERT INTO tbl_race VALUES (11,'ukya', 7);
```

tbl_club1

```
USE db_ehon;
CREATE TABLE tbl_club1 (
        no INT,
        fname VARCHAR(10),
        sname VARCHAR(10));
INSERT INTO tbl_club1 VALUES (1,'mayumi','tonegawa');
INSERT INTO tbl_club1 VALUES (2,'yuko','satoh');
INSERT INTO tbl_club1 VALUES (3,'nobuko','nemoto');
```

tbl_club2

```
USE db_ehon;
CREATE TABLE tbl_club2 (
        no INT,
        fname VARCHAR(10),
        sname VARCHAR(10));
INSERT INTO tbl_club2 VALUES (1,'noriko','miyasaka');
INSERT INTO tbl_club2 VALUES (2,'yuko','satoh');
INSERT INTO tbl_club2 VALUES (3,'tamao','okada');
```

tbl_dinner

```
USE db_ehon;
CREATE TABLE tbl_dinner (
        no INT,
        menu VARCHAR(40),
        price INT);
INSERT INTO tbl_dinner VALUES (1111,'和風ハンバーグ',1300);
INSERT INTO tbl_dinner VALUES (1112,'鶏肉の唐揚げ',900);
INSERT INTO tbl_dinner VALUES (1113,'豚の生姜焼き',1000);
INSERT INTO tbl_dinner VALUES (1114,'鶏モモ肉の香草焼き',1350);
INSERT INTO tbl_dinner VALUES (1115,'フィレステーキ',1800);
INSERT INTO tbl_dinner VALUES (1116,'納豆スパゲティ',1550);
```

tbl_lunch

```
USE db_ehon;
CREATE TABLE tbl_lunch (
        no INT,
        menu VARCHAR(40),
        price INT);
INSERT INTO tbl_lunch VALUES (2221,'鶏カラ定食',850);
INSERT INTO tbl_lunch VALUES (2222,'カレーライス',900);
INSERT INTO tbl_lunch VALUES (2223,'メンチカツ定食',1000);
INSERT INTO tbl_lunch VALUES (2224,'モチモチうどん',1100);
INSERT INTO tbl_lunch VALUES (2225,'きのこスパゲティ',1350);
INSERT INTO tbl_lunch VALUES (2226,'フカヒレ雑炊',1400);
```

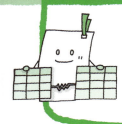

いろいろな結合

結合を使うと、複数のテーブルやビューを連結できます。

結合とは

複数のテーブルやビューを連結して、離れた場所にあるデータを一度に扱えるようにすることを、**結合**といいます。テーブルどうしやビューどうしだけでなく、テーブルとビューを結合することもできます。結合には、いくつかの種類があります。

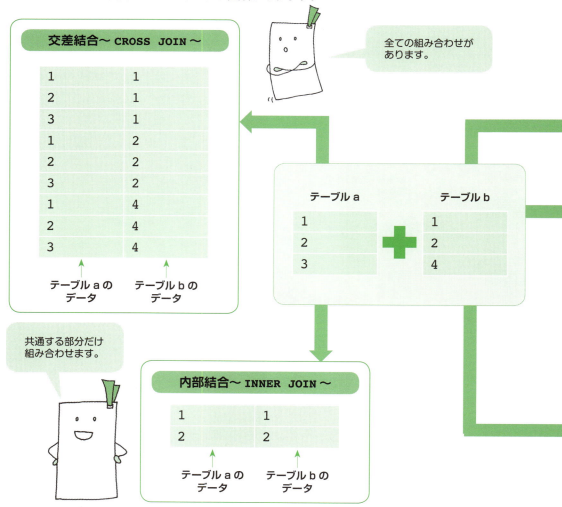

全外部結合 〜 FULL JOIN 〜

テーブル a の データ	テーブル b の データ
1	1
2	2
NULL	4
3	NULL

両方のデータを組み合わせています。

左外部結合 〜 LEFT JOIN 〜

テーブル a の データ	テーブル b の データ
1	1
2	2
3	NULL

左側のデータを基準に組み合わせます。

右外部結合 〜 RIGHT JOIN 〜

テーブル a の データ	テーブル b の データ
1	1
2	2
NULL	4

右側のデータを基準に組み合わせます。

いろいろな結合

交差結合

結合の基本ともいえる、交差結合について紹介します。

交差(クロス)結合

複数のテーブル（またはビュー）にある全ての行を単純に結合する方法を、**交差結合**といいます。

≫ 記述方法

交差結合する場合は、**CROSS JOIN** を使って次のように記述します。

データの組み合わせの数だけ行ができます。

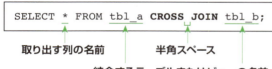

なお、CROSS JOIN を使わずに「，(カンマ)」を使って次のように記述しても、交差結合と同じ結果が得られます。

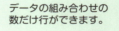

テーブル (ビュー) 名を「，(カンマ)」で区切ります。

「*」と書くと、結合したテーブルの全ての列を取り出します。

110　第6章／複雑なデータ操作

≫列の指定方法

複数のテーブル（ビュー）を同時に扱うことから、「このテーブルのこの列」という指定が必要な場合もあります。次のように記述します。

～一方のテーブルの、全ての列を取り出す場合～

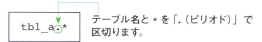

テーブル名と * を「.（ピリオド）」で区切ります。

～両方のテーブルに同じ列名があり、どちらか一方の列を指定したい場合～

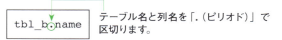

テーブル名と列名を「.（ピリオド）」で区切ります。

106 ページを参考に tbl_namelist と tbl_grades を用意しましょう。

```
USE db_ehon;
SELECT * FROM tbl_namelist CROSS JOIN tbl_grades;
GO
```

実行結果

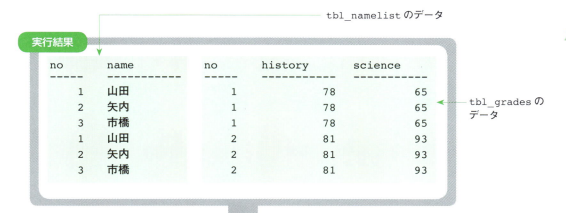

tbl_namelist のデータ

```
no      name          no      history      science
-----   -----------   -----   -----------  -----------
    1   山田              1            78           65
    2   矢内              1            78           65
    3   市橋              1            78           65
    1   山田              2            81           93
    2   矢内              2            81           93
    3   市橋              2            81           93
```

tbl_grades のデータ

内部結合

テーブルやビューどうしを単純にくっつけてしまう交差結合とは違い、指定した列の値が一致する行のみを取り出すのが、内部結合です。

🔓 内部結合

交差結合の結果から、指定した列の値が一致するデータのみを取り出す方法を、**内部結合**といいます。

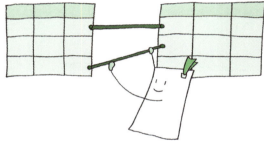

≫ 記述方法

内部結合では、結合したいテーブルどうしを **INNER JOIN** でつなぎ、**ON** 以下でどの列を基準にデータを一致させるかを指定します。

```
SELECT * FROM tbl_name INNER JOIN tbl_age ON id = no;
```

- 取り出す列の名前
- 半角スペース
- 結合するテーブルまたはビューの名前
- 一致の条件となる列の名前
  「=」で結びます。列名が異なる場合は、テーブル名とともに指定する必要はありません。

tbl_name

id	name
1	chibi
2	ran
3	alex

tbl_age

no	age
1	16
2	7
4	14

id列とno列を基準にして、一致する行だけを取り出します。

INNER JOIN

id	name	no	age
1	chibi	1	16
2	ran	2	7

また、**INNER JOIN ～ ON** を使わずに、WHERE 句を使って次のように記述することもできます。

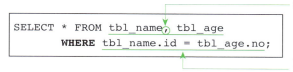

```
SELECT * FROM tbl_name, tbl_age
    WHERE tbl_name.id = tbl_age.no;
```

結合するテーブル（ビュー）の名前を「,」で区切って列挙します。

一致の基準となる列の名前「=」で結びます。

例

106 ページを参考に tbl_namelist と tbl_grades を用意しましょう。

```
USE db_ehon;
SELECT * FROM tbl_namelist INNER JOIN tbl_grades
    ON tbl_namelist.no = tbl_grades.no;
GO
```

実行結果

```
no      name         no      history      science
-----   ----------   -----   ----------   ----------
    1   山田             1           78           65
    2   矢内             2           81           93
```

tbl_namelist

no	name
1	山田
2	矢内
3	市橋

tbl_grades

no	history	science
1	78	65
2	81	93

tbl_grades の no 行に「3」はないので、表示されません。

no	name	no	history	science
1	山田	1	78	65
2	矢内	2	81	93

内部結合 113

外部結合 (1)

内部結合の結果に加えて一致しなかったデータも取り出すことのできる、外部結合について見てみましょう。

外部結合

外部結合では、内部結合した結果に加えて、一致する値がなかったデータも取り出せます。外部結合には、**左外部結合**、**右外部結合**、**全外部結合**の3種類があります。

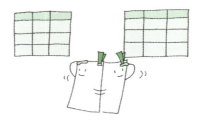

左外部結合

左外部結合では、左側のテーブルを基準に結合します。右側のテーブルに一致する値がなくても、左側のテーブルのデータは全て取り出されます。

```
SELECT * FROM tbl_name LEFT JOIN tbl_age ON id = no;
```

- 取り出す列の名前
- 基準となるテーブル（ビュー）の名前
- 半角スペース
- 結合するテーブル（ビュー）の名前
- 一致の条件となる列の名前「=」で結びます。

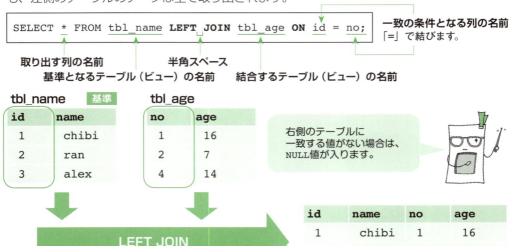

右側のテーブルに一致する値がない場合は、NULL値が入ります。

114　第6章／複雑なデータ操作

例 106ページを参考に tbl_namelist と tbl_grades を用意しましょう。

```
USE db_ehon;
SELECT * FROM tbl_namelist LEFT JOIN tbl_grades
       ON tbl_namelist.no = tbl_grades.no;
GO
```

実行結果

```
no          name         no          history      science
-----       ----------   -----       ----------   ----------
    1       山田             1                78           65
    2       矢内             2                81           93
    3       市橋          NULL             NULL         NULL
```

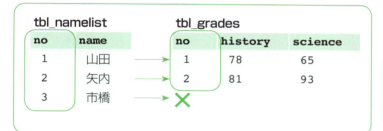

tbl_gradesの no行に「3」がないので、tbl_gradesの全ての列にNULL値が入ります。

外部結合(1) 115

外部結合（2）

ここでは、右外部結合と全外部結合を紹介します。

🔓 右外部結合

右外部結合では、右テーブルを基準に結合します。左側のテーブルに一致する値がなくても、右側のテーブルのデータは全て取り出されます。

```
SELECT * FROM tbl_name RIGHT JOIN tbl_age ON id = no;
```

- 取り出す列の名前
- 結合するテーブル（ビュー）の名前
- 半角スペース
- 基準となるテーブル（ビュー）の名前
- 一致の条件となる列の名前「=」で結びます。

左外部結合とは逆ですね。

tbl_name

id	name
1	chibi
2	ran
3	alex

tbl_age 基準

no	age
1	16
2	7
4	14

RIGHT JOIN

id	name	no	age
1	chibi	1	16
2	ran	2	7
NULL	NULL	4	14

例

106 ページを参考に tbl_namelist と tbl_grades を用意しましょう。

```
USE db_ehon;
INSERT INTO tbl_grades VALUES (4, 85, 100);
SELECT * FROM tbl_namelist RIGHT JOIN tbl_grades
    ON tbl_namelist.no = tbl_grades.no;
GO
```

tbl_grades に新しいデータを追加します。

実行結果

```
no      name         no      history     science
-----   ----------   -----   ---------   ---------
    1   山田             1          78          65
    2   矢内             2          81          93
 NULL   NULL             4          85         100
```

全外部結合

右外部結合と左外部結合を合わせた働きをするのが、**全外部結合**です。全外部結合では、値が一致する、しないにかかわらず、全てのデータを取り出します。

※MySQLでは全外部結合は未サポートのため、左外部結合と右外部結合の結果の和集合（122ページ）をとることで実現します。

```
SELECT * FROM tbl_name FULL JOIN tbl_age ON id = no;
```

- 取り出す列の名前
- 半角スペース
- 結合するテーブルまたはビューの名前
- 一致の条件となる列の名前「=」で結びます。

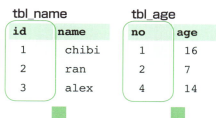

一致するデータがないところには、NULL値が入ります。

例

106ページを参考に tbl_namelist と tbl_grades を用意しましょう。

```
USE db_ehon;
SELECT * FROM tbl_namelist FULL JOIN tbl_grades
       ON tbl_namelist.no = tbl_grades.no;
GO
```

左ページの例題を先に実行してください。

実行結果

```
no    name         no     history     science
----- ------------ -----  ----------  ----------
    1 山田             1          78          65
    2 矢内             2          81          93
 NULL NULL             4          85         100
    3 市橋          NULL        NULL        NULL
```

外部結合（2） **117**

ビューの作成

テーブルから必要な部分だけを取り出した仮想的な表がビューです。
ここでは、ビューの作成方法を紹介します。

🔒 ビューのメリット

たとえば、あるテーブルからデータを取り出すときに、よく使う SELECT 文があったとします。その SELECT 文にはいろいろな句や演算子を使っているので、毎回同じ記述をするのはとても面倒です。

そんなときは、その SELECT 文を使ってあらかじめ**ビュー**を作成しておきます。こうすると、複雑な SELECT 文で取り出したデータと同じものを、簡単な SELECT 文を記述するだけで利用できるようになります。

ビューを作成する

≫ 1つのテーブルから作成する

1つのテーブルから必要な部分だけを取り出してビューを作るには、次のように記述します。

tbl_meibo

team	no	sei	mei
A	1	青木	愛子
A	2	飯田	まり
B	3	宇田川	里美

viw_ateam

sei	mei
青木	愛子
飯田	まり

≫ 複数テーブルから作成する

複数のテーブルからそれぞれ必要な部分を取り出し、それらを組み合わせてビューを作ることもできます。

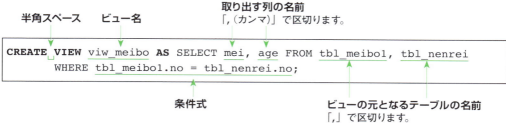

ややこしそうに見えますが、AS以降は、今まで紹介したSELECT文と同じ書式です。

ビューの作成 119

ビューの利用

ビュー上で、データを操作できます。

🔓 ビューを使ったデータの登録、更新、削除

テーブルと同じように、ビューに対しても INSERT 文、UPDATE 文、DELETE 文を使ってデータの操作が行えます。ビューで行った操作は、元のテーブルにも反映されます。ただし、次のような制限があります。

- データの変更は、1つのテーブルから作成されたビューに対してのみ行える
- GROUP BY 句、HAVING 句、DISTINCT 句を使って作られたビューは、データの変更ができない（グループ化されたことで行の特定ができないため）

記述方法は、テーブル名の部分をビュー名に変更するだけです。

登録　　　　ビュー名

```
INSERT INTO viw_tea (no, name, price) VALUES (1, '玄米茶', 105);
```
　　半角スペース

更新　　ビュー名

```
UPDATE viw_tea SET name = 'ウーロン茶' WHERE no = 1;
```

元テーブルのデータも変更されてしまうことをお忘れなく！

削除　　　ビュー名

```
DELETE FROM viw_tea WHERE no = 1;
```

🔓 ビューの削除

ビューそのものを削除することもできます。ビューを削除しても、元のテーブルのデータが消えることはありません。

```
DROP VIEW viw_tea;
```
　　半角スペース　ビュー名

例

> 106ページを参考に
> `tbl_race` を用意しましょう。

```
USE db_ehon;
CREATE VIEW viw_winner AS SELECT * FROM tbl_race WHERE result <= 3;
GO
SELECT * FROM viw_winner;    ①
GO
INSERT INTO viw_winner VALUES (23, 'team2323', 2);
UPDATE viw_winner SET team = 'team5884' WHERE no = 92;
DELETE FROM viw_winner WHERE no = 10;
SELECT * FROM viw_winner;    ②
GO
```

ビューを作成します。
①ビューを表示します。
ビューにデータを追加します。
ビューのデータを更新します。
ビューのデータを削除します。
②ビューの変更結果を表示します。

実行結果

```
no     team           result     ①
-----  ------------   ----------
   92  team9292                1
   10  nonstop                 3

no     team           result     ②
-----  ------------   ----------
   92  team5884                1
   23  team2323                2
```

上の例題で作ったビューを削除してみましょう。

例

```
USE db_ehon;
DROP VIEW viw_winner;
SELECT * FROM viw_winner;
GO
```

削除されたかどうか確認します。

実行結果

```
オブジェクト名 'viw_winner' が無効です。
```

削除されていれば、エラーメッセージが表示されます。

ビューの利用 121

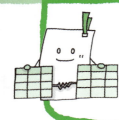

集合演算子（1）

2つのSELECT文の結果どうしを加算、積算、減算させる集合演算子を紹介します。まずは、UNIONとUNION ALLを見てみましょう。

集合演算子とは

集合演算子とは、2つのSELECT文の結果どうしを加算、積算、減算させる演算子です。結合するSELECT文の結果どうしは、列の数やそれぞれのデータ型が同じでなくてはいけません。

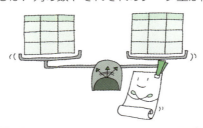

UNION

UNIONとは「和集合」を意味します。SELECT文をUNIONでつなぐと、重複するデータはまとめられてから取り出されます。

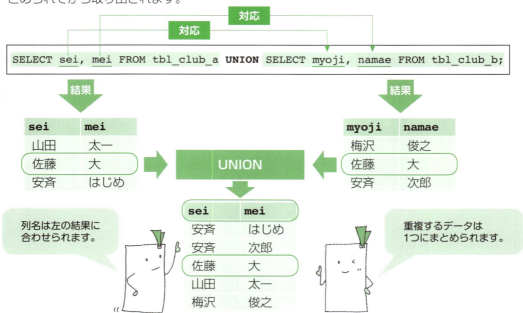

UNION ALL

重複するデータをまとめずに全てのデータを取り出すには、**UNION ALL** を使います。

重複するデータも
そのまま取り出されます。

例

107ページを参考に
tbl_club1 と tbl_club2 を用意しましょう。

```
USE db_ehon;
SELECT * FROM tbl_club1 WHERE no < 3 UNION SELECT * FROM tbl_club2
      WHERE no < 3 ORDER BY no DESC;
GO
```

UNION（もしくは UNION ALL）で結合した結果を、
ORDER BY 句で並べ替えることもできます。

実行結果

```
no      fname           sname
-----   ------------    ----------
    2   yuko            satoh
    1   mayumi          tonegawa
    1   noriko          miyasaka
```

集合演算子（2）

RDBMS によっては、積集合を求める INTERSECT や差集合を求める EXCEPT、MINUS も利用できます。

🔓 INTERSECT

SQL Server、Oracle、PostgreSQL では、積集合を求める `INTERSECT` が利用できます。これは、`SELECT` 文で取り出したデータを比較して、一致したデータのみを取り出す演算子です。

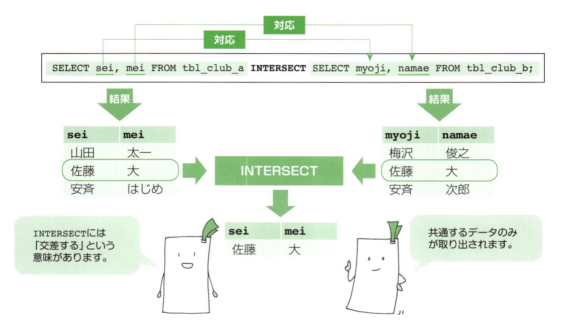

EXCEPT、MINUS

SQL Server と PostgreSQL では、差集合を求める **EXCEPT** が利用できます。これは、左側の SELECT 文で取り出したデータのうち、右側の SELECT 文で取り出したデータと一致しないデータのみを取り出します。Oracle で同じことをするには、**MINUS** を使います。

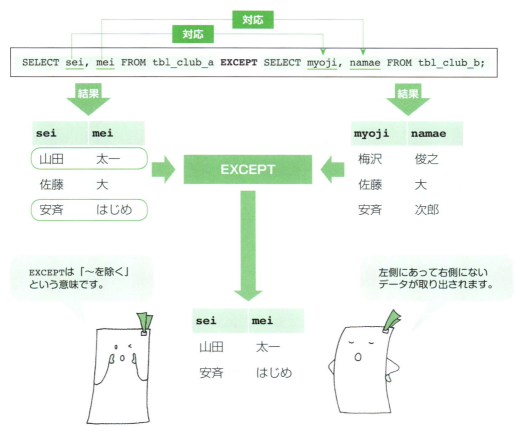

集合演算子(2) **125**

限定述語（1）

サブクエリの結果を比較条件として利用したいときには、限定述語と呼ばれる特殊な演算子を使います。

🔒 ALL 演算子

ALL は「全ての値と比較する」という意味の演算子です。サブクエリによって取り出された全ての値と比較します。

```
SELECT kondate FROM tbl_kondate1
       WHERE kakaku > ALL (SELECT kakaku FROM tbl_kondate1
                           WHERE kondate LIKE '%鶏%');
```

↑ 比較演算子　　↑ サブクエリ

> ALLは比較演算子とあわせて使います。

》 <>ALL、!=ALL について

第3章で紹介した「等しくない」という意味を持つ演算子である `<>` や `!=` を ALL 演算子と組み合わせると、第3章で紹介した NOT IN 演算子と同じ働きをします。

例

> 107 ページを参考に tbl_dinner と tbl_lunch を用意しましょう。

```
SELECT * FROM tbl_dinner
       WHERE price < ALL (SELECT price FROM tbl_lunch
       WHERE menu LIKE '%メンチ%');
GO
```

サブクエリ：tbl_lunch テーブルの menu 列でメンチという言葉の付くデータを探し、その price 列の値を算出します。

メインクエリ：tbl_dinner の price 列の値がサブクエリの結果よりも小さいデータを表示します。

実行結果

```
no       menu                price
-------  ----------------    ----------
   1112  鶏肉の唐揚げ              900
```

126　第6章／複雑なデータ操作

EXISTS 演算子

EXISTS 演算子は、サブクエリによって取り出されたデータが 1 つでもあれば TRUE を、なければ FALSE を返します。TRUE の場合はメインクエリが実行されますが、FALSE の場合は実行されません。

```
SELECT * FROM tbl_member
      WHERE EXISTS (SELECT * FROM tbl_member WHERE no = 5);
                                          ↑
                                      サブクエリ
```

tbl_memberのno列に5があれば、tbl_memberの全てのデータを表示します。

≫ NOT EXISTS

EXISTS 演算子の前に NOT を付けると、EXISTS 演算子とは逆の意味を持ちます。つまり、サブクエリによって取り出されたデータが何もなければ TRUE を返し、1 つでもあれば FALSE を返します。

例　　　　　107 ページを参考に tbl_dinner と tbl_lunch を用意しましょう。

```
SELECT * FROM tbl_lunch                                               ①
      WHERE EXISTS (SELECT * FROM tbl_dinner WHERE price > 1500);
SELECT * FROM tbl_lunch                                               ②
      WHERE NOT EXISTS (SELECT * FROM tbl_dinner WHERE price > 1500);
GO
```

① サブクエリ：tbl_dinner テーブルから price 列が 1500 より大きい全てのデータを取り出します。
メインクエリ：サブクエリによって取り出されたデータが 1 つでもあれば、tbl_lunch テーブルの全てのデータを表示します。

② サブクエリ：tbl_dinner テーブルから price 列が 1500 より大きい全てのデータを取り出します。
メインクエリ：サブクエリによって取り出されたデータが 1 つもなければ、tbl_lunch テーブルの全てのデータを表示します。

実行結果

```
no        menu                price  ①
-------   -----------------   -------
   2221   鶏カラ定食               850
   2222   カレーライス              900
   2223   メンチカツ定食           1000
   2224   モチモチうどん           1100
   2225   きのこスパゲティ          1350
   2226   フカヒレ雑炊             1400
no        menu                price  ②
-------   -----------------   -------
```

限定述語(1)

限定述語(2)

限定述語である ANY を紹介します。

ANY 演算子

ANY は「いずれかの値と一致する」という意味の演算子です。サブクエリによって取り出された値のいずれかと比較したい場合に使います。ほかに ANY と同じ働きを持つ演算子としては、**SOME** があります。

```
SELECT name, price FROM tbl_zaiko
   WHERE price = ANY (SELECT price FROM tbl_zaiko WHERE country LIKE 'america');
```

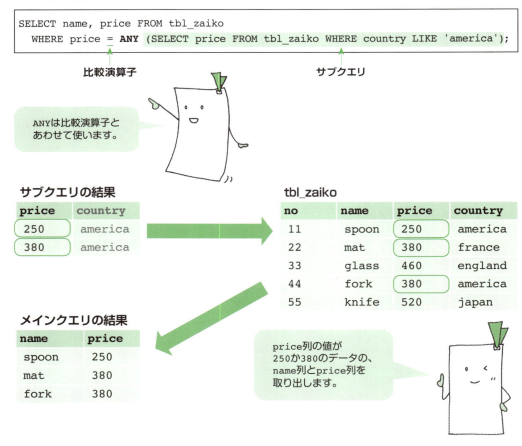

SOME 演算子の使い方は、ANY 演算子と同じです。記述方法は **ANY** を **SOME** に置き換えるだけです。

≫ ANY 以下に定数を指定する

Oracle では次のように ANY に定数値を直接指定することもできます。

```
price = ANY(250, 380);
```

定数値を指定
複数指定する場合は「, (カンマ)」で
区切って列挙します。

また、「= ANY」は「サブクエリの結果のいずれかである」、「<> ANY（または != ANY）」は「サブクエリの結果のいずれでもない」という意味ですが、これらは第 3 章で紹介した IN 演算子を使っても表現できます。

値が 2 か 5 か 8 のいずれかである　… ＝ANY (2, 5, 8) または IN (2, 5, 8)

値が 2 か 5 か 8 のいずれでもない　… <>ANY (2, 5, 8)、!= ANY (2, 5, 8)
　　　　　　　　　　　　　　　　　　 または NOT IN (2, 5, 8)

例　　107 ページを参考に tbl_dinner と tbl_lunch を用意しましょう。

```
SELECT menu FROM tbl_dinner WHERE price < ANY
       (SELECT price FROM tbl_lunch WHERE no <= 2224);
GO
```

サブクエリの結果の
いずれかよりも price 列の値が
小さいデータの menu 列を
表示します。

実行結果

```
menu
--------------------
鶏肉の唐揚げ
豚の生姜焼き
```

限定述語（2）　**129**

COLUMN

〜インデックス〜

　たとえば、テーブルに2万件のデータが登録されているとします。その中からno列の値が2036のデータを取り出すとすると、通常の検索処理では、テーブルの先頭行からno列の値が2036であるかをRDBMSが調べていきます。そしてこの処理は行の数だけ（ここでは2万行なので2万回）繰り返されます。このような検索方法を**テーブルスキャン**といいます。

　一方、テーブルスキャンよりも効率のいい検索を実現する手段として、**インデックス**という仕組みを利用する、**インデックススキャン**という方法があります。インデックスとは簡単にいうと目次のようなものです。インデックスを列に指定すれば、その列を基準にデータが整理されるので、RDBMSが全ての行を調べる必要がなくなります。インデックスの指定は、次のように記述します。

　上記のように記述すると、`tbl_tel`テーブルのno列が`idx`という名前のインデックスとなります。

　ここで、インデックスを指定した列の特定の値を使って、1つのデータを取り出すことを考えてみましょう。

　たとえば、性別列にインデックスを指定したとします。しかし、性別列の値は男と女の2つしかないため、重複データばかりで特定の値を指定した検索は難しくなります。代わりに生徒番号列をインデックスに指定すれば、特定の値を指定しやすくなります。このように、インデックスを指定する列はよく考えて選ぶ必要があります。

　ちなみに、「CREATE **UNIQUE** INDEX …」と記述すると、インデックスとなる列に「重複する値は存在できない」というルールを設けることもできます（すでに重複した値を持つ列には設定できません）。ただし、すでに`UNIQUE`制約や`PRIMARY KEY`制約を指定している列に対しては、このような記述は必要はありません。

　また、インデックスは削除できます。先ほど`tbl_tel`テーブルのno列に指定したインデックス`idx`を削除するには、次のように記述します。

第7章はここが key

データを保護する仕組み

「第1章はここが key」でもお話ししたとおり、RDBMS では、データを一元的に管理して、皆で同じデータベースを共有しています。つまり、データベースには常にさまざまな人がアクセスして、データを取り出したり、更新したりするわけです。

ここで少し考えてみてください。たとえば、同じデータに対して、最新のデータを見たい人、データを書き換えたい人が同時にアクセスすると、いったいどうなってしまうでしょう？ こんなときには、**トランザクション**の出番です。

トランザクションとは、関連する操作をひとまとめにしたもののことです。上記のような例の場合、あらかじめ最新のデータを見るための操作を「最新のデータを見るトランザクション」としてまとめます。すると、このトランザクションが実行している間は、誰もそのデータを扱えないようにデータに鍵をかけられるのです。これをデータの**ロック**といいます。トランザクションが終了するとロックは解除され、次の人がデータを扱えるようになります。これなら、作業の競合によってデータに不具合が起こることを防げますね。

結果を反映するかどうかは自分で決める

ところで、トランザクションはたんに操作をまとめただけのものではありません。トランザクションは、その終了時にトランザクションに含まれる操作を確定するか、取り消すかを選択できるのです。トランザクションの結果を確定して終了する場合には**コミット**、取り消す場合には**ロールバック**を行います。ロールバックを実行すると、文字どおりトランザクションの操作が巻き戻され、処理を行う前の状態に戻ります。あらかじめ、「エラーが起こった場合はロールバックする」というようにプログラミングしておけば、事故によるデータの不整合が防げるわけです。

　第7章では、データを守るための仕組みを紹介します。実際にデータベースを設計したり、システムを開発したりする側でないとなかなか意識する機会がない内容かもしれませんが、データベースにとって安全の確保はキーポイントです。知識を広げる意味でも、ゆっくり読んでみてください。

トランザクション

関連する一連の操作をひとまとめにしたものが、
トランザクションです。

🔓 トランザクション

トランザクションとは、いったい何でしょう？ これを知るために、銀行内のお金のやり取りを考えてみましょう。たとえば、しおりおじさんの銀行口座からしおりちゃんの銀行口座に100,000円を振り込む場合、次の3つの操作が行われると考えられます。

1. しおりおじさんの口座の残高確認（SELECT 文）

しおりおじさんの口座の残高は200,000円です。

2. しおりおじさんの口座から 100,000 円引き出し（UPDATE 文）

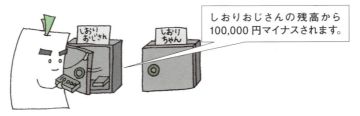

しおりおじさんの残高から100,000円マイナスされます。

3. しおりちゃんの口座に 100,000 円振り込み（UPDATE 文）

しおりちゃんの残高に100,000円プラスされます。

ところが、3の操作の直前に、コンピュータの電源が落ちてしまったり、しおりちゃんの口座が存在しないことに気づいたらどうなるでしょう？ 2で引き出された100,000円は、しおりおじさんの口座にもしおりちゃんの口座にもないまま、銀行が得をしてしまいます。

このようなことが起きないように、データベースに対して行う関連した操作を 1 つの処理としてまとめることを、**トランザクション**といいます。トランザクションでは、一連の処理が完了してから実際に処理結果を反映するかどうかを決定できるので、事故や入力ミスなどからデータを守れます。

～トランザクションの流れ～

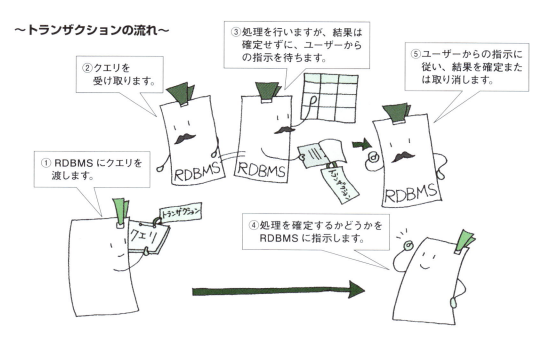

🔒 トランザクションの宣言

トランザクションを利用するには、まず、トランザクションを宣言します。SQL Server では、次のように記述します。

トランザクションを宣言したあとに行われる処理は、トランザクションを終了するまで確定されません。トランザクションの終了については、次ページで解説します。

コミットとロールバック

トランザクションを終了するには、2 種類の方法があります。

🔒 トランザクションの終了

トランザクションを終了するには、①処理を確定する、②処理を取り消す、という 2 種類の方法があります。①の場合は**コミット**（COMMIT）、②の場合は**ロールバック**（ROLLBACK）を使います。

≫ コミット
トランザクションの中で行った操作が成功した場合は、コミットを実行します。コミットを実行すると、トランザクションの処理結果が確定されます。

```
COMMIT;
```

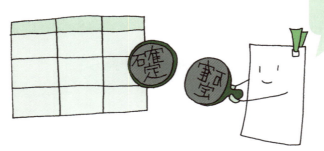

COMMITには「委託する」という意味があります。

≫ ロールバック
トランザクションの中で行った操作が失敗した場合や、操作をやり直したい場合は、ロールバックを実行します。ロールバックを実行すると、トランザクションの処理は取り消され、データは処理を実行する前の状態に戻ります。

```
ROLLBACK;
```

ROLLBACKには「巻き戻し」という意味があります。

例

```
USE db_ehon;
CREATE TABLE tbl_points (
    id INT,
    name VARCHAR(10),
    point INT);
GO
BEGIN TRANSACTION;        ← トランザクションの宣言
INSERT INTO tbl_points VALUES (23, 'omatsu', 500);
INSERT INTO tbl_points VALUES (25, 'kadomatsu', 240);
GO
COMMIT;
GO                        ← トランザクション処理①
SELECT * FROM tbl_points;    コミットを実行
GO
BEGIN TRANSACTION;        ← トランザクションの宣言
INSERT INTO tbl_points VALUES (24, 'sawa', 450);
INSERT INTO tbl_points VALUES (26, 'yama', 440);
GO
ROLLBACK;
GO                        ← トランザクション処理②
SELECT * FROM tbl_points;    ロールバックを実行
GO
```

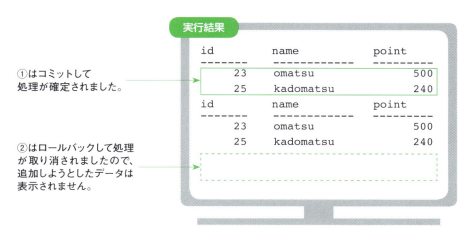

実行結果

```
id      name           point
-----   ------------   ---------
  23    omatsu              500
  25    kadomatsu           240
id      name           point
-----   ------------   ---------
  23    omatsu              500
  25    kadomatsu           240
```

①はコミットして処理が確定されました。

②はロールバックして処理が取り消されましたので、追加しようとしたデータは表示されません。

コミットとロールバック **137**

ロックの仕組み

操作の競合を防ぐ仕組みである、ロックを紹介します。

データのロック

ここで、再び134ページを見てみましょう。たとえば、2の操作とほぼ同時に、しおりおじさんの家族がカードを使ってしおりおじさんの口座から150,000円引き出したとします。すると、どうなるでしょう？

ほぼ同時に行われた2つの処理により、しおりおじさんの口座残高は、－50,000円という奇妙な結果になってしまいます。

このようなことがないように、トランザクションの実行中は処理の対象となっているデータ（この場合はしおりおじさんの銀行口座）が保護（**ロック**）されます。保護されている間は、ほかから操作を加えることはできません。

ロックの種類

主なロックには、次のようなものがあります。それぞれ、操作の状況に応じて使い分けられます。

≫ 排他ロック
誰かが操作中のデータに対して、ほかから参照したり変更したりできないようにする仕組みです。

≫ 共有ロック
誰かが操作中のデータに対して、ほかからそのデータを参照することはできますが、変更はできないようにする仕組みです。

ちなみに SQL Server の初期設定では、トランザクションの宣言後に変更を加えたテーブルに対して自動的に排他ロックがかかります。

COLUMN

〜デッドロック〜

　データのロックは便利な仕組みですが、ロックの仕方によっては次のような問題が起こってしまいます。

　たとえば、トランザクション A、B があるとして、これらが同時に実行されたと想定します。トランザクション A はテーブル a1 をロックし、トランザクション B はテーブル b1 をロックしています。

　この状態で、トランザクション A がテーブル a1 をロックしたままテーブル b1 にアクセスしようとしたとします。一方、トランザクション B はテーブル b1 をロックしたままテーブル a1 にアクセスしようとしたとします。するとトランザクション A は、テーブル b1 のロックが解除されるまで待機し、トランザクション B も、テーブル a1 のロックが解除されるまで待機することになります。

　このように、どちらのトランザクションも永久に待機状態になってしまうことを**デッドロック**といいます。

　ほとんどの RDBMS 製品では、デッドロックが起こったときにどちらか一方のトランザクションを取り消して、取り消されたトランザクションを再発行してくれるという機能を持っています。しかし、このようなことを避けるために、トランザクションを作成する際にはあらかじめ実際の処理の流れを考えるように心がけましょう。

8

プログラムとの
連携

第8章はここがKey

SQLの作成はプログラムにおまかせ

　第8章では、SQLとプログラミングの関係について紹介します。これまで、「データベースを操作するためにはSQL文を記述する」ということで話を進めてきましたが、実はユーザーがSQLを意識しないでデータベースから必要な情報を取り出すこともできます。たとえば、「ユーザーが与えた単語を基にSQL文を作成してRDBMSとやり取りする」という働きを持つプログラムがあったらどうでしょう？ユーザーがSQL文を記述する必要はなくなりますね。プログラムの作成にはいろいろなプログラミング言語が利用されますが、このようにSQL文を発行するプログラミング言語のことを**ホスト言語**といいます。ちなみに、プログラムを実行したときに生成されて、その都度変化するSQLを**動的SQL**といい、変化しないSQLを**静的SQL**といいます。

　ところで、データベースに対して複雑な操作をするときには、1つのSQL文だけでは処理しきれないこともあります。そんなときには**ストアドプロシージャ**が有効です。ストアドプロシージャとは、関連するクエリを1つにまとめてRDBMSに保管しておく仕組みです。こうしておけば、ひとつひとつSQL文を記述することなく、「○○というストアドプロシージャを実行して！」と1回命令するだけで、まとめられた処理を一気に実行できるのです。また、ストアドプロシージャに関連した仕組みで、データの不整合を防ぐなどの働きをする**トリガー**もあわせて紹介します。

SQL＋αの便利な言語

　SQLにプログラミング的要素を加えた言語が、**拡張SQL**です。拡張SQLを使うと、プログラマにはおなじみの、引数の指定や制御文を使ったプログラミングが行えます。ただし拡張SQLは、RDBMS製品ごとに大きく異なるので注意しましょう。本書では、SQL Serverで使える**Transact-SQL**（トランザクト）を使って、ごく基本的なプログラムの構造などについて紹介していきます。

　さらに、本章の最後には、プログラミングには欠かせない**結果セット**や**カーソル**の概念も登場します。これからプログラミングにも挑戦していきたいという人は、イメージだけでもつかんでおくとよいでしょう。

　ここまでくると、最低限知っていてほしいことを説明するというよりは、「もっと実用的にするにはどうしたらよいか」という知識になります。また本書では、データベースの操作に重点を置いて説明しているため、プログラミングの解説は少し触れる程度にとどめています。「この章を読めば、すぐにプログラムが書けるようになる」とはいいませんが、次に進むきっかけになれば幸いです。

動的 SQL

毎回同じ SQL 文ではなく、状況によって内容が変わるのが動的 SQL です。

🔓 SQL を使わないで検索？

検索サイトでは調べたい単語を入力するだけで、結果が返ってきます。この動作は一見 SQL とは無縁のようですが、実は、ユーザーとデータベースの間にあるソフトウェアが、ユーザーの入力した内容を SQL 文に変換しているのです。

ユーザーが渡した値を受けてプログラムの実行時に生成される SQL 文を、**動的 SQL** といいます。
動的 SQL に対して、固定の SQL 文を**静的 SQL** といいます。

~**静的 SQL**~

~**動的 SQL**~

動的 SQL **145**

ストアドプロシージャ

SQL 文をプログラムとしてまとめて保存する仕組みを、ストアドプロシージャといいます。

🔒 ストアドプロシージャ

データベースに対して複雑な操作をするときには、複数の SQL 文で問い合わせをしなければならないこともあります。このようなときのために、データベースに対する一連の操作をプログラムとしてまとめて RDBMS に保存する、便利な仕組みがあります。

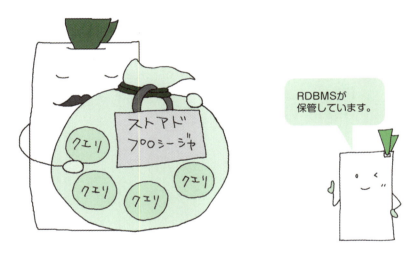

この仕組みを、**ストアドプロシージャ**といいます。ストアドプロシージャは、呼び出すだけで一連の操作が実行でき、たいへん便利です。

🔒 ストアドプロシージャのメリット

ストアドプロシージャを利用すると、次のようなメリットがあります。

・複雑な定型の操作をするときに、RDBMS に複数の SQL 文を発行する必要がない

・ネットワーク上の通信量を削減できる

・操作内容が RDBMS に登録され、あらかじめ解析されているので非常に処理が高速

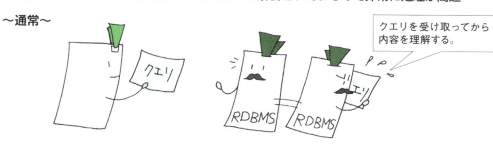

ストアドプロシージャ　147

トリガー

トリガーを使うと、データの不整合を防止できます。

トリガー

トリガーとは、テーブルに対して登録、変更、削除など、特定の操作が加えられたことをきっかけに自動的に実行されるストアドプロシージャのことです。

ある操作が引き金（TRIGGER）となり、実行されます。

トリガーは常にテーブルを監視し、そのテーブルに対して操作が行われると、指定の処理を開始します。

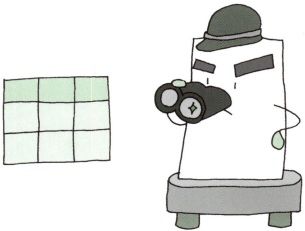

たとえば、売上テーブルにデータを追加したら、在庫テーブルのデータも更新されなければいけないとします。しかし、在庫テーブルのデータ更新を忘れてしまった場合、売上テーブルと在庫テーブルのデータに誤差が生じてしまいます。

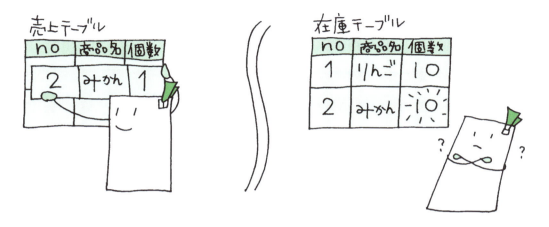

そこで、トリガーを利用します。「売上テーブルを監視し、データが追加された時点で在庫テーブルも更新する」というトリガーを用意しておけば、2つのテーブルのデータに不整合が生じることはありません。

トリガー **149**

拡張 SQL

拡張 SQL を使えば、SQL だけでプログラミングができます。

拡張 SQL とは

これまでに出てきた SELECT 文や UPDATE 文に加えて、**拡張 SQL** を使うと、SQL を使ってプログラミングができるようになります。拡張 SQL はプログラミング言語の一種なので、引数の指定や制御文も扱えます。

制御文については
156ページを参照しましょう。

拡張 SQL は、ストアドプロシージャの中でも使えます。拡張 SQL で作成した一連のプログラムをストアドプロシージャとして保存しておけば、1 つのクエリでとても複雑な操作を実行できます。

拡張 SQL は、RDBMS 製品ごとに異なり、SQL Server には **Transact-SQL** が、Oracle には **PL/SQL**（Procedural Language/SQL）が用意されています。また、PostgreSQL では **PL/pgSQL** などを使うと、ストアドプロシージャに似た機能が利用できます。その他、MySQL では、バージョン 5.0 からストアドプロシージャの機能が追加されました。

拡張 SQL の仕様は、RDBMS 製品によって大きく異なります。本書では、Transact-SQL を使って解説していきます。次のページからは、SQL によるプログラミングを見ていきましょう。

拡張 SQL

SQLによるプログラミング

Transact-SQLを使ったプログラミングを紹介します。

🔓 BEGIN 〜 END ブロック

Transact-SQL のプログラムでは、**BEGIN** と **END** に囲まれたブロックを 1 つの処理単位とします。BEGIN と END の中に複数の処理を記述すると、ひとまとまりに扱えます。

まずは、Transact-SQL を使った簡単なプログラムを見てみましょう。

例

```
BEGIN
    SELECT GETDATE();
    PRINT 'はじめまして！'
END
GO
```

↑ SELECT GETDATE(); と PRINT 'はじめまして！' の部分 ← この部分に処理内容を記述します。

GO ← プログラムを実行

字下げ
空白文字（スペース）を入力して行の先頭を右にずらし、見やすくすることです。

RDBMS製品ごとに記述方法が異なります。

実行時の日時が入ります。

実行結果

```
------------------------------------
2018-05-28 13:14:18.327

(1 件処理されました)
はじめまして！
```

152　第 8 章／プログラムとの連携

🔓 ストアドプロシージャの作成

SQL Serverでストアドプロシージャを作成するには、次のようにします。ストアドプロシージャには、引数も指定できます。

半角スペース　ストアドプロシージャ名　引数名　データ型

```
CREATE PROCEDURE procedure_a @a INT
     AS SELECT no, name, age FROM tbl_member
```
　　　　　　　　　　　　　　　　　　引数は省略可能です。

処理内容

上記で処理内容として記述しているのは SELECT 文１つですが、AS 以下に BEGIN ～ END ブロックを指定してプログラムを記述することもできます。

🔓 ストアドプロシージャの実行

作成したストアドプロシージャを実行するには、次のように記述します。

半角スペース　　引数に渡す値
　　　　　　　　省略可能です。

```
procedure_a 5
```

ストアドプロシージャ名

🔓 ストアドプロシージャの削除

作成したストアドプロシージャを削除するには、次のように記述します。

```
DROP PROCEDURE procedure_a
```

ストアドプロシージャ名

拡張 SQL の変数

ここでは、SQL Server で変数を扱う方法を紹介します。

変数の宣言と値の代入

変数とは数値や文字などを格納しておく箱のようなものです。変数を作成し、その中に値を入れられます。

〜変数の宣言〜

……整数（INT 型）が入る、@a という名前の変数を用意します。
SQL Server では、変数名の先頭に @ を付けます。

変数は、使う前に必ず宣言する必要があります。

〜値の代入〜

```
SET @a = 1
```
……作成した変数 @a に 1 という値を入れます。

SETをSELECTとしてもOKです。

変数の表示

変数の中身を画面やプログラムなどに出力するには、次のように記述します。

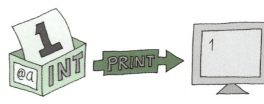

154　第 8 章／プログラムとの連携

拡張 SQL で使えるデータ型

基本的なデータ型のほかに、SQL Server 固有のデータ型もあります。

型の名前	働き
CURSOR	カーソルへの参照を格納する
SQL_VARIANT	最大 8016 バイトの INT 型、BINARY 型、CHAR 型の値を格納する
TABLE	結果セット（158 ページを参照）を格納する
TIMESTAMP	データベース内で一意な番号を格納する。行が更新されるたびに値が変わる
UNIQUEIDENTIFIER	NEWID 関数を使うことにより、UNIQUE な値を格納する

ここで、Transact-SQL によるプログラムを見てみましょう。用意した変数にそれぞれ値を代入し、それらを表示させるプログラムです。

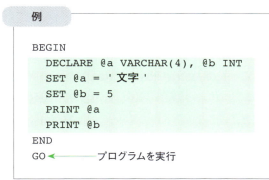

例

```
BEGIN
  DECLARE @a VARCHAR(4), @b INT
  SET @a = '文字'
  SET @b = 5
  PRINT @a
  PRINT @b
END
GO ← プログラムを実行
```

実行結果

```
文字
5
```

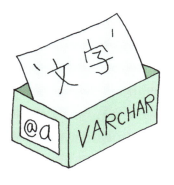

拡張 SQL の変数　**155**

拡張SQLの制御文

拡張SQLで使える主な制御文を紹介します。

🔓 制御文

制御文とは、プログラムの流れを必要に応じて変えたいときに使うものです。ここでは、よく使われる **IF文** と **WHILE文** を紹介します。

≫ IF文

IF文は、条件によって処理を分けたいときに使う制御文です。条件には、比較演算子や論理演算子を使った条件式を指定します。

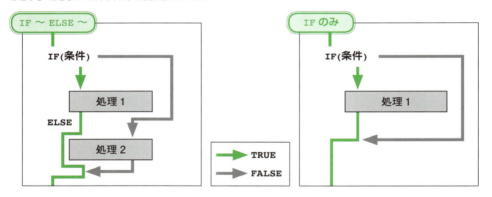

≫ WHILE文

WHILE文は、ある条件が成り立っている間だけ、処理を繰り返し実行する制御文です。

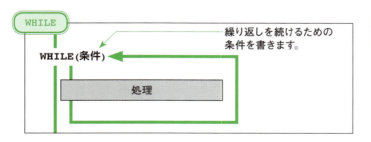

条件が成立する限り処理を繰り返します。

ここで、IF 文と WHILE 文を使ったプログラムを作成し、SQL Server で実行してみましょう。

例

```
BEGIN
    DECLARE  @myint INT, @mystr VARCHAR(20)      ← 変数の宣言
    SET @myint = 0
    SET @mystr = '文字'                           ← 変数に値を代入
    IF (@myint = 0)                              ①
        BEGIN
            SET @mystr = @myint
            PRINT '値は ' + @mystr + ' です。'     ← IF〜ELSE 文の処理
        END
    ELSE
        PRINT '値は ' + @myint + ' ではありません。'
    WHILE (@myint <= 5)                          ②
    BEGIN
        SET @myint = @myint + 1
        PRINT @myint                             ← WHILE 文の処理
    END
END
GO ←                                              プログラムを実行
```

実行結果

```
値は 0 です。      ①
1                 ②
2
3
4
5
6
```

拡張 SQL の制御文　157

結果セットとカーソル

プログラミングを学ぶときには知っておきたい、結果セットとカーソルについて紹介します。

🔓 結果セット

クエリで取り出したデータの集まりを**結果セット**といいます。結果セットは行と列からなるビューのようなものです。

🔓 カーソル

カーソルとは、結果セットに含まれるデータを1行ずつ扱えるようにする仕組みです。カーソルを使うと、たとえば、結果セット内の個々のデータに対して同じ処理を繰り返し行えます。

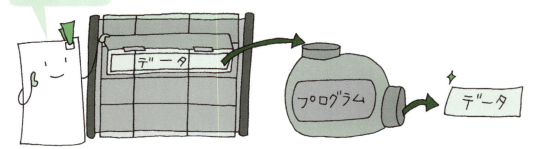

カーソルの処理手順は、次のようになります。

1. カーソル変数の宣言
カーソル変数を宣言してカーソルを結び付けます。

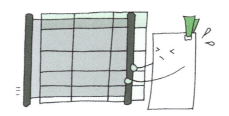

2. カーソルを開く
宣言したカーソルを利用して処理ができるようにすることを、"カーソルを開く"といいます。

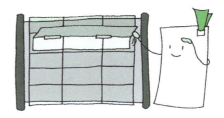

3. 1行ずつデータを取り出す
FETCH文を使うことにより、1行ずつデータを取り出します。

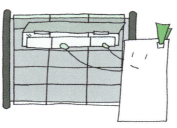

4. カーソルを閉じる
必要なデータを取り出し終えたら、カーソルを閉じます。

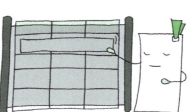

5. カーソルをカーソル変数から解放する
定義したカーソルは、使い終わったら必ず解放しましょう。

この章のサンプルプログラムでは、カーソルを定義したストアドプロシージャを紹介しています。

結果セットとカーソル　159

サンプルプログラム(1)

●引数を指定するストアドプロシージャの作成

カーソル(158ページ参照)を定義したストアドプロシージャを作成しましょう。「tbl_mogiテーブルにある各教科の得点(値)が合格ラインとして定めた値以上なら合格、そうでないなら不合格を表示する」というプログラムです。合格ラインを引数として指定するので、与えた値によって実行結果が変化するようになっています。

ソースコード

```
USE db_ehon;
CREATE TABLE tbl_mogi (              ┐
    seito_no INT PRIMARY KEY,        │
    name VARCHAR(10),                ├ テーブルの作成
    tensu_kokugo INT,                │
    tensu_sansu INT);                ┘
GO
INSERT INTO tbl_mogi VALUES (1, '相澤', 70, 95);  ┐
INSERT INTO tbl_mogi VALUES (2, '井上', 67, 59);  │
INSERT INTO tbl_mogi VALUES (3, '上原', 58, 63);  ├ データの登録
INSERT INTO tbl_mogi VALUES (4, '小川', 70, 47);  │
INSERT INTO tbl_mogi VALUES (5, '加藤', 50, 58);  ┘
GO
CREATE PROCEDURE sp_Yama @goukakuten INT AS  ← ストアドプロシージャの定義
BEGIN                                            引数
    DECLARE @kokugokekka varchar(20)         ┐
    DECLARE @sansukekka varchar(20)          │
    DECLARE @namae varchar(10)               ├ 変数の宣言
    DECLARE @kokugoten INT                   │
    DECLARE @sansuten INT                    ┘
    DECLARE csr CURSOR FOR                       カーソル変数の宣言
        SELECT name,tensu_kokugo, tensu_sansu FROM tbl_mogi ┐
            WHERE (tensu_kokugo IS NOT NULL)                │
            AND (tensu_sansu IS NOT NULL)                   ┘
```

```
            OPEN csr          ← カーソルを開く
            FETCH NEXT FROM csr INTO @namae, @kokugoten, @sansuten
            WHILE (@@FETCH_STATUS = 0)
            BEGIN
                IF @kokugoten >= @goukakuten
                    SELECT @kokugokekka = '国語合格、'
                ELSE
                SELECT @kokugokekka = '国語不合格、'
                IF @sansuten >= @goukakuten
                SELECT @sansukekka = '算数合格。'
                ELSE
                SELECT @sansukekka = '算数不合格。'
                PRINT @namae + 'さんは' + @kokugokekka + @sansukekka
                FETCH NEXT FROM csr INTO @namae, @kokugoten, @sansuten
            END
            CLOSE csr         ← カーソルを閉じる
            DEALLOCATE csr    ← カーソルをカーソル変数から解放
            RETURN
        END
        GO
```

- カーソルを開く
- FETCH 文
  1 行ぶんのデータを取り出します。
- WHILE 以降の条件が真の間、BEGIN 〜 END の処理を繰り返します。直前に実行された FETCH 文が成功すると、その結果を表すグローバルな関数 @@FETCH_STATUS が 0 になります。
- データの最後の行まで FETCH 文が実行されると、EOF (END OF FILE) になります。

作成したストアドプロシージャを実行してみましょう。ここでは、引数として値 60 を渡します。合格ラインを 60 とし、それ以上かどうかで合否を決定します。

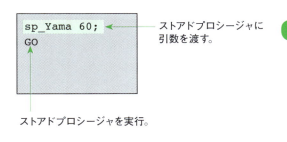

```
sp_Yama 60;
GO
```
ストアドプロシージャに引数を渡す。

ストアドプロシージャを実行。

実行結果

相澤さんは国語合格、算数合格。
井上さんは国語合格、算数不合格。
上原さんは国語不合格、算数合格。
小川さんは国語合格、算数不合格。
加藤さんは国語不合格、算数不合格。

サンプルプログラム(1) **161**

サンプルプログラム（2）

● SQL 文を入力すると結果を表示するダイアログボックスを作る

ここでは、VBScript（Visual Basic Script）を使って SQL 文を発行するプログラムを作ってみます。VBScript とは、マイクロソフトによって開発されたスクリプト言語で、Windows 環境であれば利用できます。プログラミングを行うには、VBScript を記述するための「テキストエディタ」（Windows 付属の「メモ帳」など）が必要です。なお、このスクリプトを実行するには、SQL Server の設定を 189 ページの手順に則って変更する必要があります。

ソースコード SQL_sample.vbs

```vbscript
' ユーザーからの入力を受け付けます
UserInput = InputBox(" ＳＱＬ文を入れてください ", _
    " クライアント・アプリケーションソフト ", _
    " ")

'RDBMS へ接続します
Set objSQLConnection = CreateObject("ADODB.Connection")
objSQLConnection.Open _
    "PROVIDER=SQLOLEDB;" & _
    "SERVER=server1;" & _
    "DATABASE=db_ehon;" & _
    "UID=sa;" & _
    "PWD=ehon"
' クエリを発行します
Set objSQLRecordset = CreateObject( "ADODB.Recordset" )
objSQLRecordset.Open _
    UserInput, _
    objSQLConnection

' クエリの結果をユーザーに見やすい形に整えます
DatabaseTitle = ""
DatabaseOut = ""
Do Until objSQLRecordset.EOF
    If DatabaseTitle = "" Then
        For Each objField in objSQLRecordset.Fields
            DatabaseTitle = DatabaseTitle & objField.Name & "|"
        Next
            DatabaseTitle = DatabaseTitle + vbNewLine
    End If
```

- VBScriptでは、「'（シングルクォーテーション）」以降はコメントを表します。
- 「 _ 」はコードが次の行に続くことを表します。
- 接続プロバイダを指定します。SQL Server の場合は「SQLOLEDB」とします。
- サーバー名を指定します。
- データベース名を指定します。
- データベースの管理者ユーザー名を指定します。
- 管理者ユーザーのパスワードを指定します。

```
        For Each objField in objSQLRecordset.Fields
            DatabaseOut = DatabaseOut & objField & "|"
        Next
        DatabaseOut = DatabaseOut & vbNewLine
        objSQLRecordset.MoveNext
    Loop
    ' 結果を表示します
    MsgBox DatabaseTitle & DatabaseOut, vbOKOnly, " 実行結果 "
```

ソースコードを書き終えたら、「SQL_sample.vbs」という名前で保存します。

スクリプトを実行する前に、sqlcmdで次のクエリを実行して、tbl_bowlingテーブルを作成しておきます。

ソースコード

```
USE db_ehon;
CREATE TABLE tbl_bowling (
    no INT PRIMARY KEY,
    class VARCHAR(4),
    sex VARCHAR(4),
    name VARCHAR(10),
    score1 INT,
    score2 INT);
GO
INSERT INTO tbl_bowling VALUES (1, 'B', '女', '小川', 75, 96);
INSERT INTO tbl_bowling VALUES (2, 'A', '女', '佐藤', 80, 77);
INSERT INTO tbl_bowling VALUES (3, 'B', '男', '沢田', 120, 105);
INSERT INTO tbl_bowling VALUES (4, 'A', '男', '山本', 150, 130);
INSERT INTO tbl_bowling VALUES (5, 'B', '男', '木村', 89, 91);
GO
```

「SQL_sample.vbs」をダブルクリックすると、以下のプログラムが実行されます。

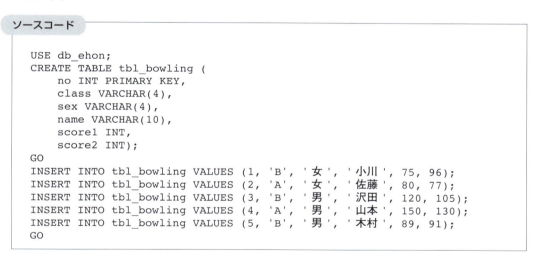

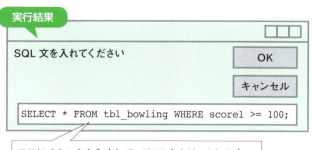

COLUMN

〜データベースドライバ〜

　ソフトウェアから RDBMS にアクセスするときに、ソフトウェアが直接 RDBMS とやり取りする場合は、RDBMS に合わせたプログラムを用意したり、通信処理など SQL 以外の部分でも複雑な仕組みを作成する必要があります。そのため、RDBMS が変わったときにはプログラムを大幅に変更しなくてはいけません。

　しかし、**データベースドライバ**を利用して RDBMS にアクセスすれば、このようなことはなくなります。ソフトウェアで記述した SQL 文は、データベースドライバによって RDBMS が理解できる言語に変換されるため、ユーザーは RDBMS が理解できる言語を知らなくてもデータベースにアクセスできるようになります。また、通信処理などの複雑な処理もドライバが肩代わりしてくれます。

　Windows には、**ODBC**（Open Database Connectivity）という標準規格があります。Windows OS を使っている場合は、ODBC に準拠したドライバをインストールすれば、RDBMS 製品ごとの異なる仕様を意識せず、さまざまな RDBMS 製品のデータにアクセスできるのです。

　ただし、ODBC は RDBMS とソフトウェア間の橋渡しをするだけのもので、RDBMS 固有の機能を共有させる機能はありません。たとえば Oracle 固有の関数を SQL Server で使うことはできないので、なるべく共通の機能を使うように心がけましょう。また、ODBC には RDBMS 製品ごとに対応するドライバが用意されているので、それらをインストールして利用しましょう。

　ちなみに、スクリプト系のホスト言語でソフトウェアを作成している場合には、主にドライバなどを使いますが、C 言語や Java 言語などのホスト言語でソフトウェアを作成する場合には、ドライバの代わりに**ライブラリ**を使うこともできます。

　ライブラリとは、ある特定の機能を持ったプログラムをほかのプログラムから利用できるように部品化し、複数のプログラム部品を 1 つのファイルにまとめたものです。ライブラリは、基本的にはドライバと同じ働きを持っていますが、プログラムの一部として利用するものです。

9

付録

列の構成を変更する（1）

テーブルや列の定義内容をあとから変更するときは、
ALTER TABLE を使います。

🔒 テーブルや列の定義を変更する

既存のテーブルの定義内容を変更したいときは、**ALTER TABLE** を使います。ALTER TABLE の使い方は、RDBMS 製品によって異なることが多いので注意しましょう。

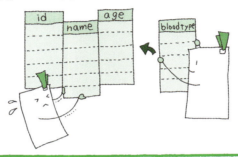

🔒 列を追加する

既存のテーブルに新たに列を追加する方法を紹介します。

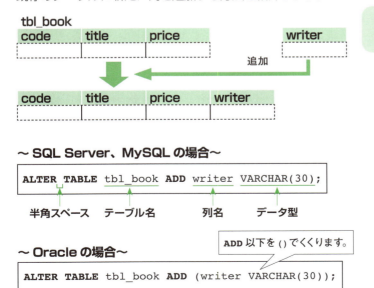

tbl_bookに writer列を追加します。

～ SQL Server、MySQL の場合～

```
ALTER TABLE tbl_book ADD writer VARCHAR(30);
```

半角スペース　テーブル名　　列名　　データ型

～ Oracle の場合～

ADD 以下を () でくくります。

```
ALTER TABLE tbl_book ADD (writer VARCHAR(30));
```

~ PostgreSQL の場合~

```
ALTER TABLE tbl_book ADD COLUMN writer VARCHAR(30);
```

≫ **デフォルト値を持つ列を追加する**
既存のテーブルにデフォルト値を設定した列を追加するには次のように記述します。

~ SQL Server、MySQL の場合~

```
ALTER TABLE tbl_book ADD writer VARCHAR(30) DEFAULT 'アンク';
```
半角スペース　テーブル名　列名　データ型　　　　デフォルト値

~ PostgreSQL の場合~

```
ALTER TABLE tbl_book ADD COLUMN writer VARCHAR(30) DEFAULT 'アンク';
```

~ Oracle の場合~

ADD 以下を () でくくります。

```
ALTER TABLE tbl_book ADD(writer VARCHAR(30) DEFAULT 'アンク');
```

SQL Server においては、デフォルト値が入るのは、この定義後に追加するデータからです。既存のデータの writer 列には、NULL 値が入ります。MySQL、PostgreSQL、Oracle では列の追加と同時にデフォルト値が入ります。

code	title	price	writer
1111	しおりの旅	380	NULL
			アンク

次にデータを追加するときにこの列に何も指定しないと、自動で「アンク」が入ります。

列の構成を変更する(1)　**167**

列の構成を変更する(2)

ALTER TABLE を使って、テーブルから既存の列を削除する方法を紹介します。

列を削除する

既存のテーブルの列を削除できます。なお、一度削除した列は元には戻せないので注意しましょう。

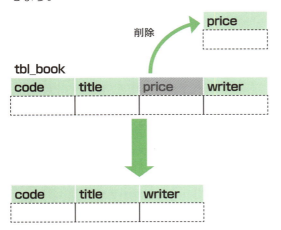

RDBMSによって記述方法が少しずつ違うので、間違えないようにね。

~ SQL Server、PostgreSQL の場合~

```
ALTER TABLE tbl_book DROP COLUMN price;
```
半角スペース　テーブル名　半角スペース　　列名

~ Oracle の場合~

DROP 以下を () でくくります。

```
ALTER TABLE tbl_book DROP (price);
```

~ MySQL の場合~

```
ALTER TABLE tbl_book DROP price;
```

例

```
USE db_ehon;
CREATE TABLE tbl_noodles (
    no INT NOT NULL,
    name VARCHAR(40),
    taste VARCHAR(5));
GO
INSERT INTO tbl_noodles VALUES (1,'札幌ラーメン','味噌');
INSERT INTO tbl_noodles VALUES (2,'長浜ラーメン','豚骨');
INSERT INTO tbl_noodles VALUES (3,'高山ラーメン', '醤油');
GO
ALTER TABLE tbl_noodles ADD price INT;          price 列を追加します。        ①
ALTER TABLE tbl_noodles DROP COLUMN taste;      taste 列を削除します。
SELECT * FROM tbl_noodles;                      結果を表示します。
GO
ALTER TABLE tbl_noodles ADD stocks INT DEFAULT 50;                          ②
GO                              デフォルト値を設定した stocks 列を追加します。
INSERT INTO tbl_noodles VALUES (4, '岡山ラーメン', 500, DEFAULT);
SELECT * FROM tbl_noodles;
GO                              DEFAULT と記述すると、デフォルト値が入ります。
```

実行結果

```
no      name                    price                           ①
-----   -----------------       -----------
    1   札幌ラーメン                          NULL
    2   長浜ラーメン                          NULL
    3   高山ラーメン                          NULL


no      name                    price           stocks          ②
-----   -----------------       -----------     -----------
    1   札幌ラーメン                          NULL            NULL
    2   長浜ラーメン                          NULL            NULL
    3   高山ラーメン                          NULL            NULL
    4   岡山ラーメン                           500              50
```

例題下から 3 行目の記述は、次のようにも書けます。

```
INSERT INTO tbl_noodles (no, name, price)
        VALUES (4, '岡山ラーメン', 500);
```

このように、追加する値の入る列名を列挙した場合は、DEFAULT という記述は必要ありません。

列の構成を変更する(2)　**169**

制約を追加する

既存のテーブルや列に、制約を追加できます。

制約を追加する

既存のテーブルや列に新たに制約を定義したり、定義済みの制約を解除したりできます。

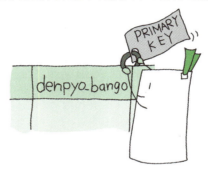

≫ PRIMARY KEY、UNIQUE、CHECK 制約を追加する

既存の列に PRIMARY KEY、UNIQUE、CHECK 制約を追加できます。ただし、追加した制約に当てはまらないデータがすでに入っている場合、エラーになることがあるので注意しましょう。

≫ NOT NULL 制約を追加する

NOT NULL 制約を追加するには、次のように記述します。ただし、NULL 値を持つ列に対して NOT NULL 制約を追加するとエラーになるので注意しましょう。

〜 SQL Server の場合〜

〜 MySQL の場合〜

```
ALTER TABLE tbl_keiri MODIFY COLUMN shohin NOT NULL;
```

〜 Oracle の場合〜

MODIFY 以下を ( ) でくくります。

```
ALTER TABLE tbl_keiri MODIFY (shohin NOT NULL);
```

〜 PostgreSQL の場合〜

```
ALTER TABLE tbl_book ALTER COLUMN title SET NOT NULL;
```

例

```
USE db_ehon;
CREATE TABLE tbl_noodles2 (
    no INT NOT NULL,
    name VARCHAR(20),
    taste VARCHAR(5));
GO
INSERT INTO tbl_noodles2 VALUES (3,'高山ラーメン','醤油');
ALTER TABLE tbl_noodles2 ADD PRIMARY KEY(no);
INSERT INTO tbl_noodles2 (no) VALUES (3);
GO
```

no 列に PRIMARY KEY を追加設定します。

ためしに no 列に重複した値を入れてみます。

PRIMARY KEY が設定されていれば、こんなエラーメッセージが出るはずです。

実行結果

制約 'PK__tbl_nood__3213D080CFFC9E7F' の PRIMARY KEY 違反。オブジェクト 'dbo.tbl_noodles2' には重複するキーを挿入できません。重複するキーの値は (3) です。
ステートメントは終了されました。

PRIMARY KEY を追加するには、あらかじめ列に NOT NULL が指定されている必要があります。

テーブル名、列名を変更する

既存のテーブルや列の名前を変更する方法を見てみましょう。

🔒 テーブル名を変更する

テーブル名を変更するには、次のように記述します。

～ SQL Server の場合～

```
EXEC sp_rename 'tbl_book', 'tbl_hon';
```
　　└半角スペース　　└元のテーブル名　└新しいテーブル名

～ Oracle の場合～

```
RENAME tbl_book TO tbl_hon;
```

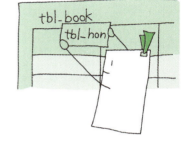

RDBMSによって記述の方法がこんなに違います。

～ MySQL、PostgreSQL の場合～

```
ALTER TABLE tbl_book RENAME TO tbl_hon;
```

例

```
USE db_ehon;
CREATE TABLE tbl_noodles3 (
    no INT NOT NULL,
    name VARCHAR(20),
    taste VARCHAR(5));
GO
EXEC sp_rename 'tbl_noodles3', 'tbl_men';
GO
```
　　　　　　　　　　　　　　　　　　　　　　　　└テーブル名を変更します。

新しいテーブル名でテーブルを表示してみるなど、変更を確認してみてください。

実行結果

注意：オブジェクト名の任意の部分を変更すると、スクリプトやストアド プロシージャが中断する可能性があります。

172　第9章／付録

列名を変更する

既存のテーブルの列名を変更できます。

RDBMSによって記述が異なるので、間違えないようにしましょう。

～ SQL Server の場合～　ピリオドで区切ります。

```
EXEC sp_rename 'tbl_book.[code]', 'b_no', 'COLUMN';
```
半角スペース　　テーブル名　　元の列名　新しい列名

～ MySQL の場合～

```
ALTER TABLE tbl_book CHANGE code b_no INTEGER;
```
半角スペース　テーブル名　　元の列名　新しい列名　データ型

名前を変更する列のデータ型を記述します。

～ PostgreSQL、Oracle の場合～

```
ALTER TABLE tbl_book RENAME COLUMN code TO b_no;
```
半角スペース　テーブル名　半角スペース　元の列名　新しい列名

例

```
USE db_ehon;
CREATE TABLE tbl_noodles4 (
    no INT NOT NULL,
    name VARCHAR(20),
    taste VARCHAR(5));
GO
EXEC sp_rename 'tbl_noodles4.[no]', 'noodle_no', 'COLUMN';
GO
```

実行結果

注意： オブジェクト名の一部の変更により、スクリプトおよびストアドプロシージャに影響を及ぼす可能性があります。

その他の変更

ほかにも、既存の列やテーブルに対してさまざまな変更ができます。
ただし、RDBMS 固有のものもあるので注意が必要です。

🔓 デフォルト値の追加設定と解除

すでに定義済みの列に対してでも、デフォルト値を追加設定することができます。なお、設定したデフォルト値は新しく追加した行から適用されるので、既存の値が変更されることはありません。

～ Oracle の場合～

```
ALTER TABLE tbl_book MODIFY (book_no DEFAULT 100);
```
半角スペース　テーブル名　　　　　　列名　　　　　デフォルト値

～ MySQL、PostgreSQL の場合～

```
ALTER TABLE tbl_book ALTER COLUMN book_no SET DEFAULT 100;
```

～ SQL Server の場合～

```
ALTER TABLE tbl_book ADD DEFAULT 100 FOR book_no;
```

MySQL と PostgreSQL では、次のようにしてデフォルト値の設定を解除できます。解除しても、既存の値が変更されることはありません。Oracle の場合は、デフォルト値の設定追加で、値として `NULL` を指定することで解除できます。

```
ALTER TABLE tbl_book ALTER book_no DROP DEFAULT;
```
半角スペース　テーブル名　　　　　列名　　　　半角スペース

> ※SQL Server ではデフォルト値は制約として登録されるため、直接解除できる SQL 文はありません。

列のデータ型を変更する

列のデータ型を変更するには次のように記述します。ただし、変更後の型は元の型と互換性のあるものに限り、すでに入っている値は変更後の型に合わせて調整されます。

～ SQL Server の場合～

```
ALTER TABLE tbl_book ALTER COLUMN title INT;
```

半角スペース　テーブル名　　　　　　　列名　変更後のデータ型

～ MySQL の場合～

```
ALTER TABLE tbl_book MODIFY writer VARCHAR(20) NOT NULL;
```

半角スペース　テーブル名　　　　　列名　変更後のデータ型　NOT NULL 制約を追加する場合はこのように記述します。

～ PostgreSQL の場合～

```
ALTER TABLE tbl_book ALTER COLUMN title TYPE INT;
```

～ Oracle の場合～

MODIFY 以下を ( ) でくくります。

```
ALTER TABLE tbl_book MODIFY (title INT);
```

外部キー（1）

別々のテーブルに存在する列どうしを同期させる仕組みである、外部キーを紹介します。

外部キー

たとえば、`tbl_uriage` と `tbl_zaiko` という2つのテーブルがあったとします。これらのテーブルに対し、「`tbl_uriage` テーブルの `shohin_no` 列の値は、必ず `tbl_zaiko` テーブルの `no` 列にある値でなければならない」というルールを設けたい場合には、**外部キー**（**参照キー**）という仕組みを使います。

親テーブルと子テーブル

外部キーとは、制約の一種で、どのテーブルのどの列を参照するかを示します。外部キーが参照する列を**親キー**といい、その列の属するテーブルを**親テーブル**といいます。これに対し、外部キーを設定した列の属するテーブルを**子テーブル**といいます。

`tbl_zaiko` テーブル
（親テーブル）

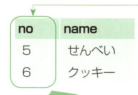

親キー
親キーとなる列の値は、一意でなければなりません。このため、`PRIMARY KEY` 制約または `UNIQUE` 制約を指定します。

外部キーと親キーとは、離れていても一心同体です

`tbl_uriage` テーブル
（子テーブル）

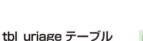

外部キー（参照キー）

外部キーの仕組み

外部キーには、**連鎖更新**、**連鎖削除**という機能を指定することができます。これらの機能により、複数テーブルのデータを一元的に管理することが可能になります。

連鎖更新

親キーの値を変更すると、それを参照している外部キーの値も変更されます。

連鎖削除

親テーブルのある行を削除すると、その行の持つ親キーの値を基準にして、子テーブルの対応する行も削除されます。

外部キーの注意事項
- 子テーブルより先に親テーブルを削除してはいけません。
- 子テーブルの外部キーの値は、必ず親テーブルの親キーに存在しなければ登録できません。このため、外部キーで指定されている親キーの値を変更、削除する場合には注意が必要です。

外部キー(2)

外部キーの設定方法を紹介します。

外部キーを設定する

外部キーは、制約と同じように、テーブル作成時に設定することも、あとから設定することもできます。また、列制約としてもテーブル制約としても定義できます。

≫テーブル作成時に設定する

～列制約の場合～
列の定義の中で次のように記述します。

～テーブル制約の場合～
全ての列を定義したあとに次のように記述します。

```
FOREIGN KEY (no) REFERENCES tbl_book(code)
```

外部キーとする列の名前　親テーブル名　親キーとする列の名前

≫あとから設定する
ALTER TABLE を使うと、外部キーを追加設定することができます。

～ SQL Server、MySQL の場合～

～ PostgreSQL の場合～

```
                子テーブル名    外部キーとする列の名前    半角スペース

ALTER TABLE tbl_ehon ADD FOREIGN KEY(no)
                    REFERENCES tbl_book code;

                        親テーブル名    親キーとする列の名前
```

例

```
USE db_ehon;
CREATE TABLE tbl_snack (
        no INT PRIMARY KEY,
        name VARCHAR(20));
GO
INSERT INTO tbl_snack VALUES (1,'ポテトチップス');
INSERT INTO tbl_snack VALUES (2,'せんべい');
INSERT INTO tbl_snack VALUES (3,'クッキー');
GO
CREATE TABLE tbl_sales (
        id INT,
        stock INT,
        date DATETIME,
        FOREIGN KEY (id) REFERENCES tbl_snack(no));
GO
INSERT INTO tbl_sales VALUES (2, 300, '2018-05-13'); ← ①
INSERT INTO tbl_sales VALUES (4, 150, '2018-05-26'); ← ②
GO
```

- tbl_snack テーブルを作成し、データを投入します。
- tbl_sales テーブルを作成します。
- id 列に外部キーを設定します。

①の結果……正常に実行されます。

(1 行処理されました)

②の結果……エラーメッセージが表示されます。

```
INSERT ステートメントは FOREIGN KEY 制約 "FK__tbl_sales__id__5DCAEF64" と競合し
ています。競合が発生したのは、データベース "db_ehon"、テーブル "dbo.tbl_snack"、
column 'no' です。
ステートメントは終了されました。
```

②では、親キーにはない値を 外部キーに登録しようとしたので、エラーになりました。

テーブルとデータベースの削除

最後に、テーブルとデータベースを削除する方法を紹介します。

🔒 テーブルを削除する

不要になったテーブルを削除したいときは、**DROP TABLE** を使います。ビューや外部キーなどが設定されている場合は、それらを削除してから実行します。

≫テーブルがあるときだけ削除する

存在しないテーブルに対して DROP TABLE を実行するとエラーになってしまいます。SQL Server（2016 以降）、MySQL、PostgreSQL で、テーブルの存在を確認しつつ、テーブルを削除するには次のように記述します。

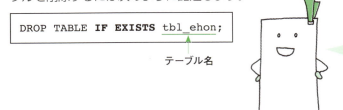

応用例として、「テーブルが存在しなければ作成する」という SQL 文も書けます。

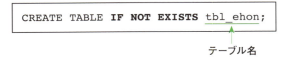

テーブルの一覧を表示する

テーブルの一覧を表示する方法は RDBMS により異なります。

RDBMS	コマンド
SQL Server	`SELECT name FROM sys.objects WHERE type = 'U';`
MySQL	`show tables;`
PostgreSQL	`¥d`
Oracle	`SELECT table_name FROM tables;`

 ## データベースを削除する

不要になったデータベースを削除したいときは、**DROP DATABASE** を使います。

```
DROP DATABASE db_ehon;
```
データベース名

あまり使うことはないと思いますが、扱いには十分注意しましょう。

予約語

SQL99 と SQL92 に準拠した予約語を紹介します。
ただし、RDBMS によって異なることが多いので注意が必要です。

予約語一覧表

主な予約語には、次のようなものがあります。

SQL99 のみの予約語…☆　　SQL92 のみの予約語…★

ABSOLUTE	BOOLEAN ☆	CONSTRAINTS
ACTION	BOTH	CONSTRUCTOR ☆
ADD	BREADTH ☆	CONTINUE
ADMIN ☆	BY	CONVERT ★
AFTER ☆	CALL ☆	CORRESPONDING
AGGREGATE ☆	CASCADE	COUNT ★
ALIAS ☆	CASCADED	CREATE
ALL	CASE	CROSS
ALLOCATE	CAST	CUBE ☆
ALTER	CATALOG	CURRENT
AND	CHAR	CURRENT_DATE
ANY	CHARACTER	CURRENT_PATH ☆
ARE	CHAR_LENGTH ★	CURRENT_ROLE ☆
ARRAY ☆	CHARACTER_LENGTH ★	CURRENT_TIME
AS	CHECK	CURRENT_TIMESTAMP
ASC	CLASS ☆	CURRENT_USER
ASSERTION	CLOB ☆	CURSOR
AT	CLOSE	CYCLE ☆
AUTHORIZATION	COALESCE ★	DATA ☆
AVG ★	COLLATE	DATE
BEFORE ☆	COLLATION	DAY
BEGIN	COLUMN	DEALLOCATE
BETWEEN ★	COMMIT	DEC
BINARY ☆	COMPLETION ☆	DECIMAL
BIT	CONNECT	DECLARE
BIT_LENGTH ★	CONNECTION	DEFAULT
BLOB ☆	CONSTRAINT	DEFERRABLE

DEFERRED	FROM	LEFT	
DELETE	FULL	LESS ☆	
DEPTH ☆	FUNCTION ☆	LEVEL	
DEREF ☆	GENERAL ☆	LIKE	
DESC	GET	LIMIT ☆	
DESCRIBE	GLOBAL	LOCAL	
DESCRIPTOR	GO	LOCALTIME ☆	
DESTROY ☆	GOTO	LOCALTIMESTAMP ☆	
DESTRUCTOR ☆	GRANT	LOCATOR ☆	
DETERMINISTIC ☆	GROUP	LOWER ★	
DIAGNOSTICS	GROUPING ☆	MAP ☆	
DICTIONARY ☆	HAVING	MATCH	
DISCONNECT	HOST ☆	MAX ★	
DISTINCT	HOUR	MIN ★	
DOMAIN	IDENTITY	MINUTE	
DOUBLE	IGNORE ☆	MODIFIES ☆	
DROP	IMMEDIATE	MODIFY ☆	
DYNAMIC ☆	IN	MODULE	
DYNAMIC_FUNCTION_CODE ☆	INDICATOR	MONTH	
EACH ☆	INITIALIZE ☆	NAMES	
ELSE	INITIALLY	NATIONAL	
END	INNER	NATURAL	
END-EXEC	INOUT ☆	NCHAR	
EQUALS ☆	INPUT	NCLOB ☆	
ESCAPE	INSENSITIVE ★	NEW ☆	
EVERY ☆	INSERT	NEXT	
EXCEPT	INT	NO	
EXCEPTION	INTEGER	NONE ☆	
EXEC	INTERSECT	NOT	
EXECUTE	INTERVAL	NULL	
EXISTS ★	INTO	NULLIF ★	
EXTERNAL	IS	NUMERIC	
EXTRACT ★	ISOLATION	OBJECT ☆	
FALSE	ITERATE ☆	OCTET_LENGTH ★	
FETCH	JOIN	OF	
FIRST	KEY	OFF ☆	
FLOAT	LANGUAGE	OLD ☆	
FOR	LARGE ☆	ON	
FOREIGN	LAST	ONLY	
FOUND	LATERAL ☆	OPEN	
FREE ☆	LEADING	OPERATION ☆	

SQL99 のみの予約語…☆　SQL92 のみの予約語…★

OPTION
OR
ORDER
ORDINALITY ☆
OUT ☆
OUTER
OUTPUT
OVERLAPS ★
PAD
PARAMETER ☆
PARAMETERS ☆
PARTIAL
PATH ☆
POSITION ★
POSTFIX ☆
PRECISION
PREFIX ☆
PREORDER ☆
PREPARE
PRESERVE
PRIMARY
PRIOR
PRIVILEGES
PROCEDURE
PUBLIC
READ
READS ☆
REAL
RECURSIVE ☆
REF ☆
REFERENCES
REFERENCING ☆
RELATIVE
RESTRICT
RESULT ☆
RETURN ☆
RETURNED_LENGTH
RETURNS ☆
REVOKE
RIGHT
ROLE ☆

ROLLBACK
ROLLUP ☆
ROUTINE ☆
ROW ☆
ROWS
SAVEPOINT ☆
SCHEMA
SCOPE ☆
SCROLL
SEARCH ☆
SECOND
SECTION
SELECT
SEQUENCE ☆
SESSION
SESSION_USER
SET
SETS ☆
SIZE
SMALLINT
SOME
SPACE
SPECIFIC ☆
SPECIFICTYPE ☆
SQL
SQLCODE ★
SQLERROR ★
SQLEXCEPTION ☆
SQLSTATE
SQLWARNING ☆
START ☆
STATE ☆
STATEMENT ☆
STATIC ☆
STRUCTURE ☆
SUBSTRING ★
SUM ★
SYSTEM_USER
TABLE
TEMPORARY
TERMINATE ☆

THAN ☆
THEN
TIME
TIMESTAMP
TIMEZONE_HOUR
TIMEZONE_MINUTE
TO
TRAILING
TRANSACTION
TRANSLATE ★
TRANSLATION
TREAT ☆
TRIGGER ☆
TRIM ★
TRUE
UNDER ☆
UNION
UNIQUE
UNKNOWN
UNNEST ☆
UPDATE
UPPER ★
USAGE
USER
USING
VALUE
VALUES
VARCHAR
VARIABLE ☆
VARYING
VIEW
WHEN
WHENEVER
WHERE
WITH
WITHOUT ☆
WORK
WRITE
YEAR
ZONE ☆

184 第 9 章／付録

SQL Server 2017 Express のインストール

ここでは、SQL Server 2017 Express のインストール手順と、sqlcmd の起動方法を説明します。

🔒 SQL Server 2017 Express の動作環境

SQL Server 2017 Express は、次の環境で使用できます。本書では、Windows 10 上で動作させることを前提に話を進めます。

プロセッサ	x64 プロセッサ：1.4 GHz 以上（2.0 GHz 以上推奨）
メモリ	512MB 以上（1GB 以上推奨）
HDD	6GB 以上の空き
OS	Windows Server 2012 以降、Windows 8 以降

🔒 SQL Server 2017 Express のダウンロード

まず、マイクロソフトの Web サイトからインストーラをダウンロードしましょう。

```
https://www.microsoft.com/ja-jp/sql-server/sql-server-editions-express
```

上記のサイトにアクセスすると次の画面が表示されます。

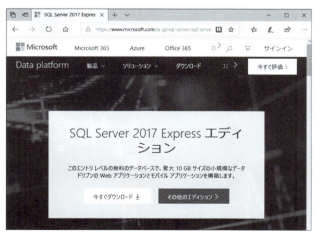

ページの中から[今すぐダウンロード]をクリックして任意の場所にインストーラをダウンロードしてください。

SQL Server 2017 Express のインストール **185**

SQL Server 2017 Express のインストール

ダウンロードした「SQLServer2017-SSEI-Expr.exe」をダブルクリックして、インストーラを実行します。次のダイアログが表示されるので、[はい] をクリックします。

インストーラの画面が表示されますので、[基本] をクリックします。

次の画面が表示され、ソフトウェアライセンス条項を確認します。文書に目を通して契約に同意したら、[同意する] ボタンをクリックします。

インストール先を指定します。問題なければ、デフォルトのまま［インストール］をクリックします。

インストールパッケージがダウンロードされ、インストールがはじまります。

次の画面が表示されればインストールは完了です。この中で接続文字列の「Server=」のあとの「localhost¥SQLEXPRESS」がデータベースサーバー名になります。［閉じる］をクリックしてインストールを終了してください。

🔓 sqlcmd の起動

sqlcmdは、SQL文を入力してクエリを実行するソフトウェアで、SQL Server 2017 Expressにあらかじめ同梱されています。sqlcmdを使ってSQL文を実行するには、まずWindows PowerShell（以下、PowerShellと記述）または、コマンドプロンプトを起動します。

ここではPowerShellを利用してみましょう。PowerShellを起動するには、Windowsのスタートメニューを右クリックして、[Windows PowerShell]をクリックしてください。

PowerShellが起動したら、次のように入力してください（-Sの後ろにサーバー名を指定します）。sqlcmdが起動し、コマンドを入力できる状態になります。

```
sqlcmd -S localhost¥SQLEXPRESS -E
```

🔓 sqlcmd の終了

sqlcmdを終了する場合は、[exit]または[quit]と入力して[Enter]キーを押してください。

VBS の実行のための設定

162 ページのサンプルを SQL Server が動作しているサーバー上で実行するには、次の手順で SQL Server 認証モードと sa アカウントを有効にする必要があります。なお、sa は、よく知られたアカウントで、悪意のあるユーザーの攻撃対象となることもあるので、利用するユーザーが限られるなど、安全性が保障された環境以外で有効にするのは避けてください。

1. SQL Server Management Studio(SQL Server に付属するツール)を起動する。
2. オブジェクト エクスプローラーの最上部にあるサーバー名を右クリックし、[プロパティ] をクリックする。
3. [セキュリティ] ページの [サーバー認証] で、[SQL Server 認証モードと Windows 認証モード] を選択し、[OK] をクリックする。
4. オブジェクト エクスプローラーでサーバー名を右クリックし、[再起動] をクリックする。
5. オブジェクト エクスプローラーの [セキュリティ] - [ログイン] を展開し、その中から sa を右クリックし、[プロパティ] をクリックする。
6. 適切なパスワードを設定入力する。また、[状態] ページを表示し、[ログイン] を [有効] にして [OK] をクリックする。

Index

記号・数字

'	xiv
—	44
!=	46
!=ALL	126
!=ANY	129
%	44, 51
*	22, 44
,	25, 31, 32
.	111
/	44
@	154
_	51
||	50
+	44, 50
<	46
<=	46
<>	46
<>ALL	126
<>ANY	129
=	46, 113
=ANY	129
>	46
>=	46

A

ABS関数	67
ADD	166, 170
ADD DEFAULT	174
ADD FOREIGN KEY	178
ALL	126
ALTER COLUMN	170
ALTER TABLE	166
AND	48
ANY	128
AS	33
ASC	30
AVG関数	76

B

BEGIN	152
BETWEEN	52
BINARY	37
BIT	37
BOOLEAN	36

C

Caché	12
CAST関数	80
CEILING関数	64
CEIL関数	64
CHANGE	173
CHAR	35
CHARACTER	35
CHECK制約	19, 170
CONCAT	50
CONVERT関数	81
COS関数	67
COUNT関数	32, 76
CREATE 文	14
DATABASE	16
PROCEDURE	153
TABLE	17
VIEW	119
CROSS JOIN	110
CURSOR	155

D

DATE	36
DATEADD関数	74
DATEDIFF関数	75
DATENAME関数	82
DATETIME	36
DAY関数	73
db4o	12
DBMS	ix, 5
DCL	15
DDL	15
DECIMAL	34
DECLARE	154
DEFAULT	167, 174
DEFAULT制約	19
DELETE文	94, 100, 120
DESC	30
DISTINCT句	32, 77
DML	15
DOUBLE PRECISION	34
DROP文	168
COLUMN	168
DATABASE	181
DEFAULT	174
PROCEDURE	153
TABLE	180
VIEW	120

E

E. F. Codd	xi
ELSE	156

END	152
EXCEPT句	125
EXEC sp_rename	172, 173
EXISTS	127
EXP関数	67

F

FALSE	46
FLOAT	34
FLOOR関数	65
FROM句	22, 99
FULL JOIN	117

G

| GETDATE関数 | 72 |
| GROUP BY句 | 32, 78 |

H

| HAVING句 | 79, 98 |

I

IBM	xi
IDENTITY	38
IF EXISTS	180
IF文	156
IN	54, 129
INCREMENT	38
INNER JOIN	112
INSERT文	20, 88, 100, 120
INTEGER	34
INTERSECT句	124
INTERVAL	36
INTO句	20
IS NULL	53

L

LAST_DAY関数	82
LEFT JOIN	114
LENGTH関数	68

LEN関数	68
LIKE	51
LIMIT句	29
LOG関数	67
LOWER関数	71
LTRIM関数	70

M

MAX関数	78
MINUS句	125
MIN関数	78
MODIFY	171, 175
COLUMN	171
MOD関数	67
MONTH関数	73
MySQL	xiii

N

NATIONAL CHARACTER	35
NCHAR	35
NOT	48
NOT EXISTS	127
NOT IN	126
NOT NULL制約	19, 170
NOW関数	72
NTEXT	35
NUMERIC	34
NVARCHAR	35

O

Objectivity/DB	12
ODBC	164
OFFSET句	29
OODB	12
OQL	12
OR	48
Oracle	xiii

| ORDER BY句 | 27, 30 |

P

PL/pgSQL	151
PL/SQL	151
POSITION関数	82
PostgreSQL	xiii
POWER関数	67
POW関数	67
PRIMARY KEY	7
PRIMARY KEY制約	19, 130, 170
PRINT	154

R

RAND関数	66
RDB	x
RDBMS	x, 9
REAL	34
REFERENCES	178
RENAME	172
COLUMN	173
RIGHT JOIN	116
ROUND関数	67
ROWNUM	28
RTRIM関数	70

S

SEED	38, 66
SELECT文	22, 90
SEQUEL	xi
SEQUENCE	38
SERIAL	38
SET	154
SET DEFAULT	174
SIGN関数	67
SIN関数	67
SMALLDATETIME	36

SMALLINT ⋯⋯⋯⋯⋯⋯ **34**	UNIQUE制約 ⋯ **19, 130, 170**	偽⋯⋯⋯⋯⋯⋯⋯⋯⋯⋯ **46**
SOME⋯⋯⋯⋯⋯⋯⋯⋯ **128**	UPDATE文⋯⋯⋯ **92, 100, 120**	擬似列⋯⋯⋯⋯⋯⋯⋯⋯ **28**
SQL⋯⋯⋯⋯⋯⋯⋯ **ix, xi, 10**	UPPER関数 ⋯⋯⋯⋯⋯ **71**	行数⋯⋯⋯⋯⋯⋯⋯⋯⋯ **76**
標準化⋯⋯⋯⋯⋯⋯ **xi**	USE⋯⋯⋯⋯⋯⋯⋯⋯⋯ **16**	共有ロック ⋯⋯⋯⋯⋯ **139**
SQL_VARIANT ⋯⋯⋯ **155**	**V**	句⋯⋯⋯⋯⋯⋯⋯⋯⋯ **22, 56**
SQL99 ⋯⋯⋯⋯⋯⋯⋯⋯ **xi**	VALUES句 ⋯⋯⋯⋯⋯⋯ **20**	評価順序 ⋯⋯⋯⋯⋯⋯ **56**
sqlcmd ⋯⋯⋯⋯⋯⋯ **188**	VARBINARY ⋯⋯⋯⋯⋯ **37**	空白⋯⋯⋯⋯⋯⋯⋯⋯⋯ **70**
SQL Server ⋯⋯⋯⋯⋯ **xiii**	VARCHAR ⋯⋯⋯⋯⋯⋯ **35**	クエリ ⋯⋯⋯⋯⋯⋯ **xii, 10**
SQL Server 2017 Express	VBScript ⋯⋯⋯⋯⋯⋯ **162**	行⋯⋯⋯⋯⋯⋯⋯⋯⋯⋯ **6**
⋯⋯⋯⋯⋯⋯⋯⋯⋯⋯ **185**	**W**	グループ関数 ⋯⋯⋯⋯ **63**
SQL文 ⋯⋯⋯⋯⋯⋯⋯⋯ **10**	WHERE句 ⋯⋯⋯ **26, 97, 113**	計算の優先順位 ⋯⋯⋯ **45**
SQRT関数 ⋯⋯⋯⋯⋯⋯ **67**	WHILE文⋯⋯⋯⋯⋯⋯ **156**	結果セット ⋯⋯⋯⋯⋯ **158**
SUBSTRING関数 ⋯⋯⋯ **69**	Windows PowerShell ⋯ **188**	結合⋯⋯⋯⋯⋯⋯⋯⋯ **108**
SUBSTR関数 ⋯⋯⋯⋯⋯ **69**	**Y**	限定述語 ⋯⋯⋯⋯⋯⋯ **126**
SUM関数 ⋯⋯⋯⋯⋯⋯ **76**	YEAR関数 ⋯⋯⋯⋯⋯⋯ **73**	合計⋯⋯⋯⋯⋯⋯⋯⋯⋯ **76**
SYSDATE関数 ⋯⋯⋯⋯ **72**	**あ**	交差結合 ⋯⋯⋯⋯ **108, 110**
SystemR⋯⋯⋯⋯⋯⋯⋯ **xi**	インデックス ⋯⋯⋯⋯ **130**	更新⋯⋯⋯⋯⋯⋯⋯⋯⋯ **92**
T	インデックススキャン ⋯ **130**	子テーブル ⋯⋯⋯⋯⋯ **176**
TABLE ⋯⋯⋯⋯⋯⋯ **155**	インラインビュー ⋯⋯⋯ **99**	コミット ⋯⋯⋯⋯⋯⋯ **136**
TAN関数⋯⋯⋯⋯⋯⋯⋯ **67**	演算子⋯⋯⋯⋯⋯⋯⋯⋯ **40**	コメント ⋯⋯⋯⋯⋯⋯ **xiv**
TEXT ⋯⋯⋯⋯⋯⋯⋯⋯ **35**	大文字⋯⋯⋯⋯⋯⋯⋯⋯ **71**	小文字⋯⋯⋯⋯⋯⋯⋯⋯ **71**
TIME ⋯⋯⋯⋯⋯⋯⋯⋯ **36**	オブジェクト指向 ⋯⋯⋯ **12**	**さ**
TIMESTAMP ⋯⋯⋯ **36, 155**	オブジェクトデータベース	最小値⋯⋯⋯⋯⋯⋯⋯⋯ **78**
TO_CHAR関数 ⋯⋯⋯⋯ **81**	⋯⋯⋯⋯⋯⋯⋯⋯⋯⋯ **12**	最大値⋯⋯⋯⋯⋯⋯⋯⋯ **78**
TO_DATE関数 ⋯⋯⋯⋯ **81**	親キー ⋯⋯⋯⋯⋯⋯ **176**	削除⋯⋯⋯⋯⋯⋯⋯⋯⋯ **94**
TO_NUMBER関数⋯⋯⋯ **81**	親テーブル ⋯⋯⋯⋯⋯ **176**	サブクエリ ⋯⋯⋯⋯⋯ **96**
TOP句⋯⋯⋯⋯⋯⋯⋯⋯ **28**	**か**	算術演算子 ⋯⋯⋯⋯⋯ **44**
Transact-SQL ⋯⋯⋯⋯ **151**	カーソル ⋯⋯⋯⋯⋯⋯ **158**	参照キー ⋯⋯⋯⋯⋯⋯ **176**
TRIM関数 ⋯⋯⋯⋯⋯⋯ **70**	階層型データベース ⋯⋯ **x**	時間型⋯⋯⋯⋯⋯⋯⋯⋯ **36**
TRUE ⋯⋯⋯⋯⋯⋯⋯⋯ **46**	外部キー ⋯⋯⋯⋯⋯⋯ **176**	実数型⋯⋯⋯⋯⋯⋯⋯⋯ **34**
TYPE ⋯⋯⋯⋯⋯⋯⋯ **175**	外部結合⋯⋯⋯⋯⋯⋯ **114**	集合演算子 ⋯⋯⋯⋯⋯ **122**
U	返り値⋯⋯⋯⋯⋯⋯⋯⋯ **62**	集約関数 ⋯⋯⋯⋯⋯⋯ **76**
UNION ALL句 ⋯⋯⋯⋯ **123**	拡張SQL ⋯⋯⋯⋯⋯⋯ **150**	主キー ⋯⋯⋯⋯⋯⋯⋯⋯ **7**
UNION句 ⋯⋯⋯⋯⋯⋯ **122**	カラム ⋯⋯⋯⋯⋯⋯⋯⋯ **6**	真⋯⋯⋯⋯⋯⋯⋯⋯⋯⋯ **46**
UNIQUEIDENTIFIER⋯ **155**	関数⋯⋯⋯⋯⋯⋯⋯ **58, 62**	真理値型⋯⋯⋯⋯⋯⋯⋯ **36**

数値関数 …………………… 64
ストアドプロシージャ
………………………… xii, 146
スペース ………………… 70
整数 ……………………… 64
整数型 …………………… 34
静的SQL ………………… 145
制約 ……………… 18, 170
全外部結合 ……… 109, 117
全角 ……………………… xiv
相関サブクエリ ……… 102

た

単一行関数 ……………… 63
重複 ……………………… 32
データ型 ………… 34, 175
データ制御言語 ………… 15
データ操作言語 ………… 15
データ定義言語 ………… 15
データベース言語 ……… 15
データベース ………… ix, 4
　削除 …………………… 181
　作成 …………………… 16
データベース管理システム
………………………… ix, 5
データベース言語 … xii, 10
データベースドライバ… 164
テーブル ………………… 6
　一覧 …………………… 181
　削除 …………………… 180
　作成 …………………… 17
　定義変更 …………… 166
　名前変更 …………… 172
テーブルスキャン …… 130
テーブル制約 …………… 18
デッドロック ………… 140

デフォルト値 …… 167, 174
問い合わせ ………… xii, 10
動的SQL ……………… 145
登録 ……………………… 20
トランザクション …… 134
　終了 ………………… 136
　宣言 ………………… 135
トリガー ……………… 148

な

内部結合 ………… 108, 112
日時 ……………………… 72
ネットワーク型データベース
…………………………… x

は

排他ロック …………… 139
バイト …………………… 37
バイナリ型 ……………… 37
パラメータ ……………… 62
半角 ……………………… xiv
比較演算子 ………… 46, 55
引数 ……………………… 62
左外部結合 ……… 109, 114
日付型 …………… 36, 73
ビット …………………… 37
ビュー …………… 9, 118
　削除 ………………… 120
　作成 ………………… 119
ファイル ………………… 2
ブール型 ………………… 36
複合キー ………………… 8
副問い合わせ …………… 96
平均 ……………………… 76
変換関数 ………………… 80
変数 …………………… 154
方言 …………………… xiii

ま

右外部結合 ……… 109, 116
メインクエリ …………… 97
文字数 …………………… 68
文字列型 ………………… 35
文字列関数 ……………… 68
文字列の比較 …………… 51
文字連結演算子 ………… 50
戻り値 …………………… 62

や

予約語 ………………… 182

ら

ライブラリ …………… 164
乱数 ……………………… 66
リレーショナルデータベース
…………………………… x, 6
リレーショナルデータベース管理システム
…………………………… 9
列 ………… 6, 17, 24, 166
列制約 …………………… 18
連結キー ………………… 8
連鎖更新 ……………… 177
連鎖削除 ……………… 177
連番 ……………………… 38
ロー ……………………… 6
ロールバック ………… 136
ロック ………………… 138
論理演算子 ……………… 48

[著者紹介]

株式会社アンク (http://www.ank.co.jp/)

ソフトウェア開発から、Web システム構築、デザイン、書籍執筆
まで幅広く手がける会社。著書に絵本シリーズ『『C の絵本 第 2 版』
『C++ の絵本 第 2 版』『PHP の絵本 第 2 版』『Python の絵本』』ほか、
辞典シリーズ『『ホームページ辞典』『HTML5&CSS3 辞典』『HTML
タグ辞典』『CSS 辞典』『JavaScript 辞典』』（すべて翔泳社刊）な
ど多数。

■ 書籍情報はこちら ・・・・・・http://www.ank.co.jp/books/
■ 絵本シリーズの情報はこちら ・・・http://www.ank.co.jp/books/data/ehon.html
■ 翔泳社書籍に関するご質問 ・・・https://www.shoeisha.co.jp/book/qa/

執筆	澤口 映、山本 太月
第 2 版制作	高橋 誠
第 2 版制作協力	新井 くみ子
イラスト	小林 麻衣子

装丁・本文デザイン	坂本 真一郎（クオルデザイン）
DTP	株式会社 アズワン

SQLの絵本 第2版
データベースが好きになる新しい 9 つの扉

2004 年　8 月　2 日	初版第 1 刷発行
2017 年　4 月 10 日	初版第 15 刷発行
2018 年　8 月 24 日	第 2 版第 1 刷発行
2022 年　2 月　5 日	第 2 版第 3 刷発行

著　者	株式会社アンク
発行人	佐々木 幹夫
発行所	株式会社 翔泳社 (https://www.shoeisha.co.jp/)
印刷・製本	株式会社シナノ

©2018 ANK Co., Ltd

本書は著作権法上の保護を受けています。本書の一部または全部につい
て（ソフトウェアおよびプログラムを含む）、株式会社 翔泳社から文書
による許諾を得ずに、いかなる方法においても無断で複写、複製するこ
とは禁じられています。

本書へのお問い合わせについては、ii ページに記載の内容をお読みくだ
さい。

乱丁・落丁はお取り替えいたします。03-5362-3705 までご連絡ください。

ISBN978-4-7981-5514-2　　　　　　　Printed in Japan